簡單！創意！居家輕改造

瑞昇文化

在不久之前，DIY總是給人「周末木匠老爹」的感覺，

但現在，DIY就跟流行時尚一樣，已經成為連年輕女孩都深感共鳴的裝飾類型。

室內設計師這樣的職業身分，

讓我在親手裝潢自宅之餘，還能享受於符合個人風格的客製設計。

近年來，人們對動手DIY逐漸感到興趣，

相對之下，可供參考的流行DIY資訊亦增加了不少。

因此，我便設立了專為女性介紹室內DIY的網站

『Love customizer』。

沒想到竟獲得了意料外的熱烈回響。

這讓我更加確信大家對於DIY的熱烈渴求。

這本書是以『Love customizer』為基礎，

除外還加上了大量的全新創意。

話雖如此，其實DIY並不是我的專長。

所以，我不會做大費周章的物品。應該說，我並不想做。

因為，既然是DIY，就應該是更易使用、用起來更方便的室內裝飾才對。

　　如果做出來的東西太過庸俗，那就別做。

　　　　因為令人感到遲疑的東西，大家都不會想用……。

　　　　外觀終究是關鍵。不管簡單或費力都好，一定要夠漂亮才行！

　　　　這或許就是設計師的本質吧！

對我而言，DIY 並非像是「周末木匠」那樣的浩大工程，
僅是為了追求更佳的居家舒適度而做的小小手工藝。
換句話說，針線活或料理不也是 DIY 的一種嗎？
這麼想之後，是否感覺更親切了呢？

既然要做，就做簡單且不會令人厭煩的，
難度較高且複雜的東西，往往會在製作途中令人感到反感、厭煩。
所以，這本書只介紹製作方法簡單的物品。
如果有「這東西我好像會做！」、「家裡如果有這種東西，那就更方便了」
這樣的想法，就請務必試著挑戰看看。
希望透過 DIY，可以讓大家更喜歡室內裝飾及居家設計！

CONTENTS

CHAPTER 1
日常雜貨DIY

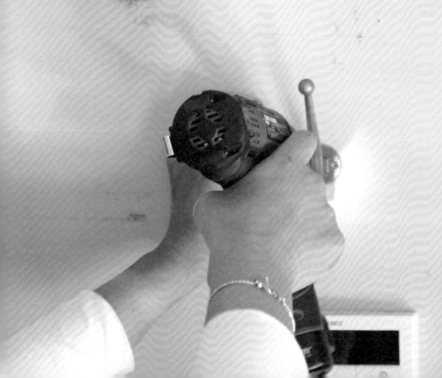

全新蛻變重生的室內，令人幾乎回想不起原本的樣貌。因為我很喜歡改變，所以每次靈機一動，就非得嘗試一下不可。在深夜裡改變家具配置，或在牆面加上棚架也是常有的事情。

DIY 製作自己喜愛的室內裝飾

家是個會隨著居住習慣而不斷改變的地方。自2011年買了海邊的老房子以來，
我一直運用簡單的DIY，一邊自己設計符合個人喜好的家，一邊享受生活。
現在就讓我來為大家介紹我的家，以及專屬於我個人風格的DIY方法吧！

把中古物件裝修成自己喜歡的樣子

　　2011年的1月，我搬進了可以看見茂盛樹林與碧海，坐落在小山頂的房子。一直以來，既然要租老房子，就要隨著自己的喜好逐一裝修室內，這就像是我畢生的工作一般，所以我從一開始便以「可改裝」的舊房子作為租屋條件。那個時候，我碰巧看中的就是現在所居住的老房子。那是間相當老舊的日式房屋，房仲業者跟我說，「如果是用租的，就必須取得房東的同意才能裝修室內，但如果把它買下來，就可以全憑自己做主了」，就是這樣的一番話，讓我動了買屋的念頭。

　　房屋的室內設計往往都是一旦決定，就不會再有所改變了。但是，實際在房屋裡生活後，卻也經常會有出乎意料的不便感，或是因家庭成員或工作改變而造成不便的情況。如果那樣的不滿就這麼持續累積，原本應該是讓人放鬆身心靈的家，也會因此而充滿壓力。當自己有「如果這

裡有櫃子就方便多了…」這樣的想法時，假設可以馬上實現的話，居家生活上肯定會變得更加舒適，同時也會更喜歡那個家。就算是租屋也一樣。只要不馬上放棄，試著添加些什麼物件或是做些改變就足夠了。

　　所謂的裝修總是給人工程浩大的感覺，但對我來說，裝修則是稍具規模的DIY罷了。這本書所介紹的內容全都是為了讓居家住宅更舒適、更便利的DIY。所以，介紹的DIY內容並不會僅拘泥於從無到有，也會有重新製作現有品或借用專家之手的方法。這間廚房也是，從牆壁的磁磚到水槽，全都是一邊善用專家手法，一邊靠自己DIY設計而成，是我非常喜歡的一處角落（詳細請看p72的內容！）

　　家應該一邊居住一邊配合生活方式而改變。正因為如此，DIY更是打造個人居家的重要手段。

因為雜誌等媒體的拍攝工作也會使用家裡作為攝影棚，所以牆壁顏色選用了可以襯托出物品的白色。儘管如此，熱愛室內設計的我還是無法捨棄「想盡情玩樂色彩！」這樣的心情。因此，家裡的每一間房間都只有一面牆壁使用色彩。我在玄關門和廁所使用了淡薄荷綠、廚房使用藍綠色等，每個地方都僅有牆壁的一部分有採用粉刷。粉刷整片牆往往會產生沉重、煩悶的視覺感，僅有一面牆採用粉刷，不僅可以讓空間產生變化，還能夠產生更好的視覺重點。剛開始建議先從玄關或廁所等空間較狹小的牆壁開始挑戰。

應該有很多人都是以成套的方式購買餐桌和椅子。可是，這樣似乎有些乏味無趣。所謂的室內擺設搭配感覺上似乎有些難，但仔細說起來，其實就跟服飾穿搭相同。通常只要以相同的色彩和風格做出全身的搭配就可萬無一失了，但這時候，如果再搭配上稍微不同款式的飾品或鞋子，應該就可以做出毫不突兀的協調感。室內裝飾也是相同的道理。

例如，木製的餐桌除了木製的椅子外，還可混搭鐵製或塑膠製的椅子，或是試著加上流行的色調作為重點……。只要稍微加點玩心，不僅可以展現出個人風格，還可以讓外觀顯得更加美麗。

剛買下這間房子時，2樓是塌塌米加上砂牆的老舊房間。於是我便在房內擺上大面積的床、在地板貼上白色的木板，牆壁則採用了白色的粉刷，將整體形象改成洋式房間。壁櫥方面也做了改造，我將隔扇和隔板拆下，粉刷成白色，將壁櫥改造成衣帽間風格。使房間整體產生廣大且明亮的形象。

石井風格的六種室內裝飾DIY法

這本書介紹的室內裝飾DIY全都是依照我個人的方法所製作的。

請一邊輕鬆玩樂，一邊試著改造成符合您自己的風格。

METHOD 1

將家裡的配件改造成自己喜歡的款式

家裡的門把或洗手台、窗簾軌道等配件，往往因為「原本已經裝在上頭」而放棄改裝，但是，把這些配件更換成簡單或古典風格等個人所喜愛的款式卻出乎意料地簡單。基本上，大多數的配件都是採用螺絲安裝，所以單靠一把電鑽起子機就可以輕鬆拆卸。

不光是大賣場，居家裝飾店等（參考p118）地方，不僅可買到把手或門把，甚至連毛巾架或窗簾軌道等都有販售。如果有感覺不錯的商品，預先買起來存放，應該就能派上用場。只要規格符合，更換作業本身也相當單純，所以就算是DIY初學者仍可放心更換。

另外，如果稍加努力，更換水龍頭或是重新鋪設地板等也不無可能。我家裡的洗手台和水龍頭都是從網路商城買回來更換的（參考p79）。門本身的更換雖然有點困難，但只要在門板塗上顏色，或是張貼板材，仍舊可以一改原有的形象。

正因為室內裝飾連小細節都面面俱到，所以才能讓居家環境變得更加舒適。依照自己的喜好挑選素材的風格及質感、色彩及形狀細節，享受營造個人空間的樂趣吧！

METHOD 2

不拘泥於從無到有，現有物品也該善加利用

　　其實DIY也有所謂的迷思。那就是從一開始便全部親手製作，希望所有的物件都能呈現出濃厚的手工感。家庭能夠做的作業十分有限，可以取得的素材也有限。尤其是較大尺寸的物品更是容易凸顯笨拙或初學者才有的粗糙程度。DIY是快樂的，但如果以手工製為目的，完成的物品可能超出室內裝飾的範疇，卻是不爭的事實。

　　在我眼中的DIY是讓室內居家更舒適、更美觀的手段，所以並不需要完全靠手工製作。在現有物品上稍做加工，也能讓物品別有一番風味。例如，在古董店發現的獨特舊木箱，或是在「IKEA」等低價購入的家具等，都是最具魅力的DIY素材。這些物品只要稍微做點改變，就可以變得更特別，完全不需要巧手。你可以在木箱上加裝門，將其製作成家具，也可以在家具上塗上自己喜歡的色彩。只要風格和創意獨特，就算不是從無到有，仍舊可以製作出漂亮的物品！想要某樣物品或想做什麼時，就先想想有沒有可以派上用場的現有物品吧！

METHOD 3

借助專家的力量

　　這個方法和方法2有點類似，浩大的工程或瓦斯爐的裝設等最好委託工匠或專門業者。如果全部靠自身力量製作，往往會落得挫敗的下場。建議先借助專家的力量提高整體的完成度，把手等細節部分及色彩等的最後加工再採用DIY的方式。

　　就拿我自己的房子來說，浴室及廁所的門就是先請門窗師傅幫我建造簡單的樣式，然後自己再進行粉刷，並裝上自己所喜歡的把手款式。門的開闔之所以那麼順暢且堅固，正是因為委託專家的緣故。客廳的地板、陽台也一

樣，都是先親自尋找喜歡的素材，然後再委託木匠幫忙鋪設。

　　另外，加裝新的電氣裝置，或是希望更換電氣的開關蓋板時，就委託專做電氣工程的業者吧！該業者的收費大多是以「日」作為計算單位，所以如果有其他希望委託的項目（參考p92），就順便委託吧！木匠或門窗師傅等業者的聯絡資料，可以透過黃頁電話簿或是網路，只要在搜尋引擎上輸入居住地區的名稱和業者名稱，例如「中目黑門窗師傅」，就可以找到很多資料，大家不妨試著詢價看看？

METHOD 4

看膩了，就馬上更換

　　當自己有辦法自行更換配件或重新粉刷牆壁、更換壁紙等之後，裝飾的更換自然也就會變得更加輕鬆了。習慣了之後，技巧也就會變得越來越好。這樣一來，下次的DIY就會變得更加輕鬆，應該就能夠盡情享受在不斷改變風格、形象的DIY樂趣中。

　　在這當中，牆壁粉刷是體驗過一次後，得心應手程度就能超乎想像，同時也是最能夠大幅改變整體形象的方法。配合當下的心情挑選色彩，更換牆壁或家具的色彩是最快樂的事情。照片中的廚房牆壁也是我重新粉刷2次後的成

果（參考p74）。

　　只要有電鑽或砂磨機（銼刀）等電動工具，作業就會更加便利。如果是家庭使用的工具，通常1萬圓日幣以下就可以買到不錯的工具。只要有一種工具，組裝家具或更換配件時，就不需要耗費力氣，很快就能完成。「將這個把手換成別種款式吧？」當你有這種念頭的時候，就可以馬上實行，這種感覺應該很棒吧！只要一切變得簡單，當下次想再做些什麼的時候，就不會覺得那麼沉重了。可以像這樣隨自己的心意改變，正是DIY獨有的樂趣。

METHOD 5

總之，先試著DIY吧！

　　雖然並不是每次DIY都可以做出如自己所願的成品，但正因為簡單，與其在商店裡四處尋找，不如自己DIY會來得更快。收納櫃或小棚架等符合希望尺寸的商品有時不見得找得到，而且既然是簡單的物品，自己做的反而更漂亮。而且不管成本多少，都肯定超值。

　　首先，先思考要用什麼樣的方式，把想要的東西製作成所希望的形狀。不管是從無到有，或是利用某些現成品，究竟要以何種方式製成何種形狀，都一定要在腦中模擬一番。對我來說，這段構思的時光也是相當充滿樂趣的時間。

　　另外，在大賣場或居家裝飾店隨便亂逛時，也常會有「這個可以用來做些什麼呢？」的意外靈感。只要能夠產生與原始用途完全不同的創意，就可以像p100的水管衣架那樣，讓感覺粗曠的刻板物品看起來時尚。這也是DIY的醍醐味。

　　只要多多翻閱海外的室內裝潢書籍，或是將觸角伸至旅遊的地點，意想不到的新奇靈感或許就會猛然湧現。DIY就先從試著動手做開始吧！

Happiness is making a bouquet from the flowers around you.

METHOD 6
適可而止最為重要

　　女孩子最常碰到的失敗情況就是「過度的裝飾」。在製作過程中，您是否曾經有過在四處塗滿色彩，或是不斷增加裝飾的經驗呢？給人強烈印象的設計，往往會讓人很快感到厭煩。花了一番心血，好不容易才做好的設計，最後卻落得被打入冷宮的下場，豈不可惜。

　　對於以居家裝飾店的櫥窗負責人及設計師的身分，從事室內裝潢相關工作的我來說，我的資產就是不斷追求如何做出最美麗的設計。在不斷發現失敗後，我所得到的結論就是──略嫌不足就等於是「恰如其分」。有花紋的物品先留下一部分、粉刷不要全部塗滿，僅粉刷一部分、棚架設置在刻意留白的地方等，在感覺好像缺少些什麼的時候，就先停下腳步吧！請稍微喘口氣後，再用冷靜的眼光重新檢視一番。以大部分的情況來說，只要在還差一步就完成的時候停下來，設計就不會顯得庸俗。我家裡的樓梯就是如此。僅粉刷一部分，不要做得太過頭，就是我個人的時尚規則。

COLUMN
在國外發現的DIY ①

在DIY已經於日常生活中根深蒂固的歐美地區，不論是在街道或是一般家庭的任何場所，都可以看到DIY的創意。
當產生「原來如此！」、「試著學習一下吧！」的念頭時，我總是會馬上睜大雙眼，興奮莫名。

這是我的芬蘭朋友家裡的廚房。櫥櫃的側面設置了膠合板。上頭鎖了幾個L字的螺絲，用來掛手套或烤網、布等。沒有用的空間就這麼搖身一變，成了兼具陳列功能的收納空間。不僅使用的時候，可以隨時取用，收納之後也不會發霉，真是非常符合邏輯的創意。這個創意似乎馬上就可以模仿喔！

在倫敦知名的Deli Shop發現的是這個完整收納於柱子後方的棚架。訣竅就在於在書架般的簡樸棚架上陳列麵包的這個部分。素材也是我所喜歡的椴木膠合板。這種素材具有潔淨的質感，剖面感覺也不錯。仔細一看，棚架的側面還有小箱子，用來放置包裝用的細長紙袋。這就是唯有DIY才會有的方便性吧！

我在英國的時尚咖啡廳，發現了這樣的廚房。整體看起來像是個很大的櫥櫃，但事實上是放了IKEA的手推車，再以DIY的方式將棚架設置於牆面。「如果這裡有棚架，那就太方便了」，這個棚架可能是因為這樣的想法而產生的吧！這樣的共鳴不禁令我莞爾一笑。大量的蛋糕模型及料理工具等，都可以有效收納在這裡，使用起來相當方便。

CHAPTER

日常雜貨DIY

介紹適合初學者製作的小型DIY。
只要將生活周遭的物品稍做加工，
就可以成為更適合自己居家的裝飾喔！

LOVE
CUSTOMIZER
IDEA **01**

樹枝的花樣裝飾

天然的樹枝只要稍微費點心思,就可搖身變成流行的物件!
製作時,往往會想在很多地方塗上顏色,顏色應該止於樹枝前端就好。
重點就在於必須仔細看,才能看出的箇中巧思。
建議採用螢光色。

TOOLS

□ 枯樹枝
□ 壓克力顏料
□ 筆

HOW TO MAKE

1... 在散步途中或公園等地方,尋找枯
樹枝或因風而折斷的樹枝等個人所喜歡
的樹枝。預先將壓克力顏料擠放在小器
皿等容器中。

2... 用筆將壓克力顏料塗在樹枝前端,
讓顏料自然風乾。顏料不要溶解於水
中,只要直接輕微塗上即可。

石頭紙鎮

只要將多餘的塗料塗在撿來的石頭上即可。
除了當作鎮壓文件或讀至中途的雜誌等的紙鎮之外，
進行DIY的時候，也可以用來鎮壓布或紙型、壁紙等，
是個非常不錯的小工具。

用水將石頭清洗乾淨後風乾。可以整顆石頭都塗上顏料，或畫圓點、寫上文字，試著自己親手創作看看吧！

環保袋的DIY設計

雜物收納袋

買衣服時,有時店家會以環保袋代替紙袋或是提供紀念品袋,
這些環保袋總是會越積越多。
由於大多環保袋都是白色、布製,所以就算掛滿牆面,視覺上仍舊潔淨。
建議將它拿來收納襪子或是非當季的衣物等物品。

我的壁櫥的櫥面上安裝了數
個掛勾,上頭懸掛了許多的
環保袋。裡面分別按種類收
納了針織帽及襪子、緊身衣
褲、T恤等衣物。環保袋的大
小可以依照物品份量的增加
或減少自由改變。

環保袋的DIY設計

門檔

如果有厚且堅韌的布製環保袋，請務必試著做做看。

只要在裡面裝上石頭，再將袋口打結，便可製成簡易的門檔。

將打結的部分製成提把，就可更容易搬運！

TOOLS

- □ 由帆布或防水布材質等堅韌布料製成的環保袋
- □ 礫石（可在園藝店購得。沙土或小石頭亦可。盡量選擇細小的物品。）
- □ 剪刀

HOW TO MAKE

1...將石頭放進環保袋內，上方預留約10 cm左右的空間。

2... 用剪刀將環保袋的提把剪下。

3... 將剪下的1條提把，壓放在環保袋的袋口。先用安全別針等固定中央，就能夠更容易製作。

4... 捲起環保袋的袋口，將提把包裹在裡面。

5... 捲了3～4次後，宛如將結往上推一般，製成環狀。

6... 然後再次打一次死結。

環保袋的DIY設計

靠墊套

最近,許多商品的商標圖形都設計得十分時髦。
因此,我便試著運用那些圖樣,製作了靠墊套。
在此也將進一步介紹使用噴漆上色的方法。

ARRANGEMENT

只要在靠墊套完成前進行上色,便能更添獨創性!
關鍵就是運用環保袋的圖樣設計,將單純的圖樣加工得更加時尚。

ARRANGEMENT.1
TOOLS

□ 水性噴漆
□ 紙膠帶(寬1.5cm和3cm兩種。一種也OK。)
□ 剪刀

HOW TO MAKE

1... 將環保袋放在紙箱或報紙等上方,將紙膠帶貼成條紋狀。檢視整體的協調性,一邊靈活運用條紋的寬窄度。

2... 把不塗上顏色的上半部摺起來,從上方噴上噴漆。可依照個人喜好,刻意使色彩不均,或是將色彩填滿。

3... 噴漆乾了之後,再將紙膠袋撕下即可。

□ 正方形的環保袋
□ 靠墊枕心
　（尺寸以環保袋的寬度為標準。）
□ 鉗子（如果有的話）
□ 剪刀

HOW TO MAKE

1... 有襠片時，拆開縫合線後攤平。如果有鉗子，縫合線就會比較容易拆開，不過，鑷子或剪刀等也可以。

2... 用剪刀從提把的正中央，將提把剪斷。另一邊也要剪斷。

3... 放進靠墊枕心，再將提把打結便大功告成。

▶長方形的環保袋只要在袋口部分縫上鈕扣，就可以製成完成度更高的靠墊。

HOW TO MAKE

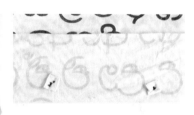

1... 從底部將環保袋的提把剪掉，將袋口反摺，使環保袋符合靠墊枕心的尺寸。分別縫合摺起部分的兩端。將摺起的部分翻過來。

2... 在環保袋的袋口製作2個釦眼（切開鈕扣尺寸的切口，將孔盲縫起來。若使用縫紉機的釦眼功能，便會使作業更簡單）。把鈕扣縫在與釦眼相對的位置。

3... 環保袋的布料較薄時，要在鈕扣的背面加上貼布。貼布是以裁剪下來的提把剪成小塊，加工再利用。

ARRANGEMENT.2
TOOLS

□ 水性噴漆 … 2色（1色也OK）
□ 圓規刀
□ 聚丙烯板（厚紙板或文具的資料夾也OK）

HOW TO MAKE

1... 用圓規刀將聚丙烯板挖空。

2... 將挖空的周圍約1cm剪成4方形。用這個來當紙型。這次準備了直徑10cm和3.5cm兩種。

3... 將紙型放在環保袋上，用厚紙板等蓋住周圍，噴上噴漆。噴漆乾了之後，再於不同地方進行相同的噴漆作業。

布的 DIY 設計

橡皮擦圖章的原創印刷

橡皮擦圖章不光是布，印在信紙或筆記本、紙袋、信封等也很漂亮。
挑選設計樣式不錯的字母或數字，
採用黑色或金色、銀色等油墨，以成熟可愛風的變化盡情玩樂吧！

□ 製作橡皮擦印章用的橡皮
□ 製作橡皮擦印章用的刀具
□ 描圖紙
□ 深色的鉛筆（這裡使用8B）
□ 軟橡皮
□ 美工刀
□ 雕刻刀（圓刀）
□ 切割板
□ 蒲鉾板（日本魚糕；可省略）

HOW TO MAKE

1... 用鉛筆把喜歡的字體畫在描圖紙上。字體可利用字體設計書，或是從網路上下載免費的字體。

2... 把步驟1用鉛筆畫的那一面平貼在橡膠上，用筆的尾端或指甲等硬物摩擦。

3... 只要圖案有複印在橡皮上就可以了。

4... 開始作業前，要先鋪上切割板，以免割傷桌面。用美工刀把橡皮的多餘部分裁掉。

5... 使用橡皮擦印章用的刀具切割出文字的輪廓。

6... 宛如在文字周圍挖溝一般，用雕刻刀刻出輪廓。內側等細微的部分要用雕刻刀削掉。要注意不要破壞到文字本身！

7... 刻完之後，使用軟橡皮去除雕刻時所產生的碎屑。

8... 用美工刀等工具，將蒲鉾板切刻成周圍比印章多出5mm左右的尺寸，並將印章圖案蓋在蒲鉾板的背面。

9... 在印章的背面貼上較厚的雙面膠，然後貼在蒲鉾板上。

10... 完成。如果有蒲鉾板當成底座，使用起來就會比較順手。

也可以將圖樣蓋在信封或筆記本、紙袋等文具上，製作出獨創的文具。

用寵物的毛畫圖

有飼養寵物的人建議試試這個項目。
使用製作羊毛布偶時所用的縮絨針，用寵物的毛畫圖。
圖案可大膽一點，不要畫寵物，
改畫喜歡的物品，感覺會更酷。

TOOLS

☐ 寵物的毛
☐ 取寵物毛用的刷子
☐ 布
☐ 縮絨針
☐ 厚紙板或專用腳踏墊
☐ 較深的鉛筆
☐ 紙膠帶（暫時固定用）
☐ 描繪的物品（這裡使用我個人所喜歡的鞋子）

HOW TO MAKE

1... 將欲描繪的物品拍成照片，再列印出來，並貼在窗戶上。

2... 把布放在步驟1的圖上面，利用紙膠帶加以固定。

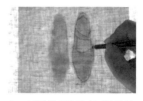

3... 用鉛筆描繪透光可見的輪廓，將輪廓描繪在布上。

4... 把步驟3的布放在3張重疊的厚紙板上，以膠帶固定。

5... 幫寵物刷毛，收集寵物的毛。如果可以，最好有3種顏色的寵物毛。

6... 為了讓縮絨針可以更容易刺到毛，要先用手抓起一點毛加以揉捏，讓毛糾結在一起。

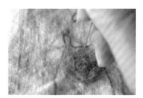

7... 將步驟6的毛放置在布的上方，用縮絨針把毛重複刺入布中，讓毛緊密黏貼在布上。

8... 完成！

布的 DIY 設計

彩繪餐墊

利用畫具或塗料，直接在布上面加上一筆。

不過度粉刷、自然的簡單樣式，是雅致設計的重點。

只要使用讓畫材在布上定色的「定色調合劑」，就不怕顏料被洗掉了。

TOOLS

☐ 布
☐ 水性塗料或壓克力畫具
☐ 毛刷
☐ 定色調和劑（美術用品店等有販售）

HOW TO MAKE

1... 將布剪裁成餐墊般的大小。只要從裁切的布邊緣拉掉幾條線，就可以呈現出粗略感。

2... 在水性塗料或壓克力畫具中加入1～2滴定色調和劑，加以混合。

3... 用毛刷沾滿步驟2的顏料，一邊緩慢挪動筆刷，一邊塗在喜歡的地方。

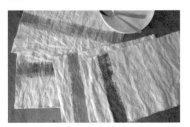

4... 顏料灰白的感覺也能呈現出不錯的效果。藉由畫具顏色及毛刷寬度，就可做出無限多的變化！

布的DIY設計

防水加工後的鮮豔帆布

遮陽帆布是讓庭院或陽台的優閒時光更加舒適的必備工具。

市售品的缺點是花樣或尺寸的變化比較少。

因此，我便試著用內飾面料等較厚的布做了獨創的帆布。

□ 較厚的布（寬140㎝×1.8m、10㎝×10㎝的
　布兩塊。這是在「IKEA」買的。）
□ 帳篷用防水噴劑（「NIKAWAX」等。戶外用品店
　或大賣場等地方可買到。）
□ 直徑2㎝的雙面金屬扣眼 … 4組
□ 木片（捶打台用）
□ 木槌
□ 麻繩　　□ 剪刀
□ 縫紉機　□ 線

HOW TO MAKE

1... 把布剪裁好，清洗乾淨。趁半乾時，噴上大量的防水噴劑後，自然風乾。將布邊以外的布端摺成三褶後，車縫起來。

2... 將兩塊10㎠的布裁剪一半成4塊三角形的布，並將邊緣反摺車縫。再將三角形的布，車縫在步驟1的4個角落。

3... 用剪刀在步驟2三角形補強布的中心剪出小的十字，製作出金屬扣眼用的孔。

4... 把金屬扣眼安裝在步驟3的切口。從表面插入凸的金屬扣眼，並從內側蓋上墊圈。

5... 將金屬扣眼用零件套在金屬扣眼上，下方墊著木片等物品，再用木槌從上方強力捶打。

6... 同樣的，剩下的三個角落也要安裝金屬扣眼。

7... 將麻繩穿過金屬扣眼，在陽台的欄杆等地方打結，設置帆布。沒有欄杆等可以綁繩的地方時，也可以利用問號鉤。

不同圖樣也別有一番風味。

箱的DIY設計

將標本箱製成相框

將物品用於不同於原始用途的地方，是我一貫的風格。
標本箱內可以擺設首飾或雜貨等立體的物品。
裡面所鋪設的紙張，只要在舊書店花數百日圓就可買到。
泛黃或破損的舊紙張還可以營造出宛如藝廊般的氛圍。

LEFT

TOOLS

□ 桐製標本箱
□ 舊書
□ 喜歡的物件
□ 大頭針

HOW TO MAKE

1... 在標本箱中鋪上舊書。不要用剪刀或美工刀裁剪，而要直接用手撕，使邊緣產生自然的鋸齒切口，才是孕出風格的訣竅。

2... 用大頭針把項鍊固定於鋪在標本箱內的海綿上。在多個地方紮上圖釘，一邊調整項鍊形狀，一邊加以固定。蓋上蓋子後便完成了。

RIGHT

TOOLS

□ 桐製標本箱
□ 舊書
□ 喜歡的物件
□ 綿
□ 圖針

HOW TO MAKE

1... 參考上述步驟，將舊書的1頁鋪在箱內。一邊檢視頁面的文字及色彩的協調性，一邊利用圖針掛起物件。也可以裝飾多個物件，或是如照片般丟進幾個棉花。最後再蓋上蓋子便完成了。

裝飾雜誌的剪報或圖的時候，
要在裝飾紙張的背面貼上厚紙板等，做出立體感。
陰影產生之後，也能增添存在感。

□ 桐製標本箱
□ 喜歡的插圖或照片
　（雜誌的剪報也OK）
□ 厚紙板
□ 雙面膠
□ 剪刀

1... 從雜誌或插畫集等書籍中選出喜歡的插圖，並將其剪下。不使用美工刀或剪刀，直接用手撕比較能呈現出特殊風格。

2... 將厚紙板剪成2cm左右的小方塊，準備10張。

3... 在步驟2的小方塊貼上雙面膠。

4... 把步驟3的厚紙板平均貼在步驟1的插畫背面，重疊貼上2張。

5... 把步驟4的成品貼在標本箱內，蓋上蓋子。

箱的DIY設計

將箱子製成裝飾櫃

看習慣的物品只要改變角度，就可使用於不同的用途。
喜歡箱子的我，很喜歡把箱子鎖在牆上當成棚架用。
只要使用白鐵的箱子或餐具托盤那樣的隔板，
或是將新的東西和舊的東西混合在一起，就可以營造出新奇感。

LAYOUT 1
隨機排列

只要不配置在同一位置上，就
能做出柔和印象。為避免產生
散亂感，只要預先標定中心，
就能更容易掌握協調性。

☐ 喜歡的箱子（這裡使用「無印良品」的
　白鐵箱及「IKEA」的餐具托盤、舊木箱）
☐ 螺絲
☐ 電鑽起子機

HOW TO MAKE

1... 在作為上方的箱子內側的兩個角落鑽出預備孔。螺絲錐也OK。只要有電鑽起子機，就算是白鐵材質的箱子，仍舊可以簡單鑽出孔。

2... 把箱子靠在牆上，用螺絲鎖固。排列多個箱子的時候，最好先在地板上排列模擬一番。

3... 這個時候，如果有水平儀就能使作業更加便利。也可以利用智慧型手機中的水平儀應用程式。

LAYOUT 2
橫向排列

橫向排列的訣竅是，讓尺寸各不同的箱子共同對齊下方的線條。最適合設置在沙發或較低的椅子的上方牆壁。

LAYOUT 3
縱向排列

決定好垂直的線條，然後稍微往左右移動，營造出躍動感，就能更顯時尚。建議設置在位於窗戶旁邊的窄牆面等。

箱的DIY設計

用空箱製作電線護蓋

凡是喜歡室內裝飾的人，
肯定對老是糾結成一團的電器電線感到很困擾吧？
只要利用設計樣式不錯的空紙箱，就可以完美地隱藏囉！
不過，因為有熱氣聚集的問題，所以僅限於少量的電線。

HOW TO MAKE

1... 用美工刀在空紙箱的底部挖出讓電線穿過的孔。

2... 另一邊的角也要挖孔。

3... 把插座放進箱內，再將箱子組裝起來。

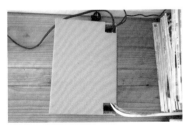

4... 從孔穿入電線。

TOOLS

☐ 設計樣式不錯的空紙箱
☐ 美工刀

LOVE CUSTOMIZER IDEA 13

將紅酒木箱製成書架

只要把堅固的紅酒木箱裁切成對半便大功告成了！

可以直接放在桌上，或安裝在牆面當成書架……。

當成廚房或廁所等地方的雜物架應該也很不錯。

也可以依個人喜好，用蠟或塗料等加以裝飾。

TOOLS

- □ 紅酒木箱
- □ 尺
- □ 鉛筆
- □ 鋸子
- □ 砂紙（120號和240號）
- □ 螺絲（4cm以上的長螺絲）…4個
- □ 電鑽起子機

HOW TO MAKE

1... 將木箱裁切成兩半。底板是以2塊木板所組成時，就以箱底的縫隙為標準。有3塊底板時，因為木板容易掉落，所以裁切後還要利用螺絲進行補強。

2... 拋光裁切剖面。首先使用120號左右的粗砂紙，然後再用240號左右的細砂紙，使剖面變得光滑。只要把砂紙捲成手掌大小，作業起來就會比較容易。

3... 安裝的牆面位置決定好之後，先用電鑽的鑽頭鑽出預備孔，再用螺絲將書架安裝在牆面。也可以使用螺絲錐和十字螺絲起子。

箱的 DIY 設計

製作基本的收納箱

就像之前所介紹的，使用現有的箱子DIY雖然很輕鬆，

但如果能夠自己製作簡單的箱子，就可以連顏色和尺寸都符合個人心意。

樂趣也會因而更加擴張。把手也可以使用喜歡的零件。

如果沒有工具可以鑽孔，就從步驟3開始吧！

製作方法相當簡單，請務必挑戰看看。

TOOLS

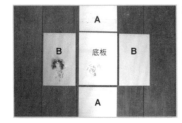

- □ 側面A：厚度1.2 cm的木板（22×27 cm）…2片
- □ 側面B：厚度1.2 cm的木板（22×35 cm）…2片
- □ 底板：厚度1.2 cm的木板（27×37.4 cm）…1片
- □ 20mm直徑的腳輪…4個
- □ 22mm直徑×長20mm的組裝用螺絲
- □ 腳輪用螺絲（直徑3mm×長10mm）…16根

- □ 20mm的扁鑽頭（鑽孔用）
- □ 鑽頭起子機
- □ 木膠
- □ 鉛筆
- □ 尺

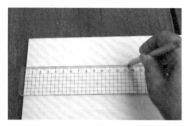

1... 加上安裝把手用的孔。在側面 A 的板上，在距離邊緣 4 cm 和左右正中央的地方做上記號。

2... 在步驟1的木板下方鋪上廢木材，用裝上扁鑽頭的鑽頭起子機，在步驟1的記號處鑽出直徑 2 cm 的孔。鑽好之後，再用銼刀磨平孔的周圍即可。

3... 分別在 2 片側面 A 木板的左右 3 個地方，和底板各邊的 3 個地方，鑽出螺絲用的預備孔。

4... 把側面用的木板放在底板的上方，進行箱子的組裝，並利用木膠暫時固定。

5... 把螺絲鎖進之前鑽好的預備孔，先將箱子的側面組裝起來。之後，再利用螺絲固定底板。

6... 用螺絲把腳輪安裝在底部的 4 個角落。腳輪的詳細安裝方法可參考 p97。

7... 希望加上蓋子時，就再準備 1 片厚度與底板同樣為 1.2 cm 的木板（27×37.4 cm），並利用鉸鏈固定 2 個位置。

這裡所使用的木板是椴木膠合板。有蓋子和腳輪。底部以上 8 cm 的高度採用灰色粉刷。使用較簡單的配色，就不需要挑選放置地點。雙色的粉刷方法可參考 p46。

箱的DIY設計

粉筆彩繪棚架

將p36的簡單木箱加工成裝飾棚架。
只要在箱子底部塗上顏色，就能增添牆面的流行感。
採用黑板漆粉刷，享受和手寫文字或雜貨組合搭配的樂趣。

照片中的箱子是以下列尺寸製成。使用厚度1.2mm的椴木膠合板。

〈正方形〉
□ 側面A：27×10cm … 2片
□ 側面B：24.6×10cm … 2片
□ 底：27×27cm … 1片

〈長方形〉
□ 側面A：35×10cm … 2片
□ 側面B：24.6×10cm … 2片
□ 底：27×35cm … 1片

TOOLS

□ 黑板漆
□ 毛刷

HOW TO MAKE

1... 在組裝箱子之前，先進行粉刷。首先，在底板的側面貼上遮蔽膠帶，進行遮蔽。

2... 在底板塗上黑板漆。在黑板漆半乾的狀態下撕掉遮蔽膠帶，並參考p37的步驟**3～5**，進行箱子的組裝。

箱的DIY設計

加上蓋子，製成置物箱

改造基本的箱子，只要將深的箱子和淺的箱子加以組合，
再安裝上鉸鏈，就可以製成可收納毛毯等物品的便利木箱。
還可以加上鎖頭或在角落加上框邊護角，提高完成度！
可以讓蓋子維持固定的結構也是亮點之一。

照片中的箱子是以下列尺寸製成。
使用厚度1.2mm的椴木膠合板。
□ 蓋子側面A：9×32.6cm…2片
□ 蓋子側面B：9×60cm…2片
□ 蓋子、箱底：35×60cm…2片
□ 箱子側面A：20×32.6cm…2片
□ 箱子側面B：20×60cm…2片

TOOLS

□ 彈簧鎖…2組（使用隨附的螺絲）
□ 鉸鏈…2組（使用隨附的螺絲）
□ 框邊護角…8個
□ 斜裁帶子150cm…2條
□ 直徑2.2mm×長20mm的螺絲
　（框邊護角用）…48個
□ 圖釘…2個

HOW TO MAKE

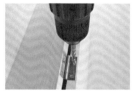

1... 參考p37的步驟**3~5**，分別將蓋子和主體的箱子組裝好，然後在角落裝上框邊護角。

2... 在後面，利用鉸鏈連接主體和蓋子。

3... 在前面裝上彈簧鎖。彈簧鎖要在關起箱子的狀態下，確認蓋子和主體的位置後，再進行安裝。

4... 為避免蓋子倒向後方，要利用圖釘把斜裁帶子固定在蓋子和主體的內側。固定時要一邊調整，讓左右兩邊的長度相等。也可以進一步在箱子的側面加上把手。

箱的 DIY 設計

用蔬果籃製作家具

這裡所使用的是二手店等販售的蔬果籃。

在居家裝飾店或服飾店中，蔬果藍也會被堆疊起來作為貨架使用，

但只要加上腳，就能搖身變成華麗的家具囉！

這次將介紹加上腳和隔板，以及加上門的兩種款式。

STEP.1

首先，把 2 個蔬果籃堆疊起來，加上櫃腳和隔板。

TOOLS

- □ 蔬果籃 … 2 個
- □ 櫃腳 4 支（大賣場等有販售附螺絲的款式）
- □ 1 cm 厚的膠合板（隔板用。25×52 cm）… 2 片
- □ 1×1×25 cm 的角材 … 4 支
- □ 直徑 2 mm × 長 2 mm 的螺絲（隔板架用）… 8 個
- □ 砂紙（240 號）
- □ 捲尺
- □ 鋸子
- □ 鉛筆
- □ 電鑽起子機

HOW TO MAKE

1... 測量箱子內側的尺寸。用鉛筆在作為隔板的膠合板上畫出裁切線條。沿著該線條，用鋸子進行裁切。隔板也可以事先把尺寸測量好，在購買的同時請賣場人員幫忙裁切。

2... 把作為隔板支架的 4 根角材裁切成比箱子深度短的長度。切口剖面要預先用砂紙拋光。

3... 決定隔板的設置位置。這次要製作鞋櫃，所以便配合短靴等鞋子的高度做上記號。

4... 用螺絲鎖上隔板支架用的角材。先在角材上鑽出預備孔再用螺絲固定，可讓作業較為順利。

5... 用螺絲把櫃腳隨附的五金配件，安裝在作為底層的箱子底部的四個角落。

箱子的厚度比隨附的螺絲薄時，可在配件和箱子之間加上隔板廢材，或是改用較短的螺絲。

櫃腳配件組裝完成的情況。

6... 把櫃腳裝在配件上。因為櫃腳屬於螺絲式，所以直接旋入就可以了。最後，再把附隔板的另一個蔬果籃重疊於上方便大功告成了。

STEP.2

裝上門之後，就更像家具了！如果使用門扣，讓門可以確實緊密，就更GOOD了！

TOOLS

□ 門用板（SPF材。8.8×55cm
　和8.8×58.5cm）…各2片
□ 鐵絲網（46×64cm）
□ 電鑽起子機
□ 釘槍

□ 鉸鏈…2個
□ 金屬門扣…1個
□ 門把…1個
□ 一字托架…4個

HOW TO MAKE

1... 利用一字托架將4片板子連接在一起，製作成門框。利用釘槍把尺寸小於門框的鐵絲網固定在門框上。

2... 以5cm左右的間隔，用釘槍加以固定。

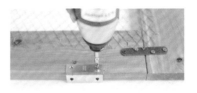

3... 利用隨附的螺絲，把鉸鏈安裝在門上的2個位置。

4... 將步驟3完成的門靠在鞋櫃上，用螺絲裝上鉸鏈。

5... 試著關上門，決定安裝門扣的位置，並用螺絲把門扣安裝在鞋櫃的內側。門的另一邊也要利用螺絲把門扣的相對配件組裝上。

6... 利用電鑽起子機在安裝門把的地方鑽孔，從背面插入門把的螺絲。從正面旋入門把，確實裝上門把。

將日式五斗櫃改造成西洋風格

在老舊五斗櫃前面貼上舊書，營造古典風格。

使用的舊書採用類似道林紙那樣的較薄紙張，會比較容易張貼。

紙的周圍如果有泛黃，就能更加符合所要的效果。

這次使用被當成法語練習簿的舊筆記本。

TOOLS

- □ 喜歡的舊書
- □ 毛刷（準備寬窄兩種尺寸，讓寬窄都能更好粉刷）
- □ 壁紙專用接著劑
- □ 溶解接著劑用的容器
- □ 剪刀
- □ 美工刀
- □ 尺

HOW TO MAKE

1... 先用水溶解壁紙專用接著劑，讓接著劑比說明書上寫的硬度更硬。將舊書1頁頁撕下，平貼在家具上，配合櫃框或抽屜的尺寸，用美工刀加以裁切。較細微的地方只要先用接著劑暫時固定，作業上就會比較容易。

2... 把接著劑塗抹在裁切的舊書紙張，並貼在家具上。紙的邊緣要相互對齊黏貼，但不需要過分嚴謹，就算彼此重疊也沒關係。就這麼粗略地連續貼上。

3... 把手部分就從把手的上方把舊書紙張靠上，再用美工刀切割出概略的把手形狀。塗上接著劑後，再猶如把裁開部分插入把手般進行黏貼。切口有極大的破損也沒關係，只要用接著劑加以黏貼，就不會那麼明顯了。貼滿五斗櫃的前面即可。

LOVE CUSTOMIZER IDEA 19

模板DIY

想讓簡單的箱子、水桶或家具變得更有型時，最適合採用的方法就是模板。

毫無特色的物品只要搭配上文字，就能搖身變得別具風格。

而且，模板還可以不斷重複使用。

請務必使用p122之後所收錄的模板紙型附錄，挑戰看看！

TOOLS

☐ 聚丙烯板（A4尺寸）…1片
　※專用來作為模板的塑膠板或文件資
　　料夾也可以。
☐ 模板用字體樣本
☐ 紙膠帶
☐ 水性噴漆（黑）
☐ 油性筆
☐ 剪刀　　☐ 筆刀
☐ 厚紙（不要的明信片等也可以）

1... 將喜歡的字體放大影印成欲使用的尺寸大小。把聚丙烯板裁切成4角形，邊緣約距離文字邊緣2cm左右。

2... 把步驟1裁好的聚丙烯板放在文字上方，用油性筆描繪出輪廓。

3... 為避免桌面損傷，把步驟2的聚丙烯板放在不要的明信片等厚紙上方，用筆刀進行裁切。

4... 可重複使用的模板完成。

5... 在步驟4完成的模板周圍貼上紙膠帶。碰到彎曲面的時候，細線條部分在進行噴漆時比較容易翹起，所以要用雙面膠加以黏貼。

6... 把步驟5貼在欲進行模板噴畫的物品上。周圍要用報紙等覆蓋，並利用紙膠帶加以固定，以免噴漆飛濺到其它地方。

7... 從距離模板20cm的正上方進行噴漆。噴漆若斜噴的話，就會噴入紙型和目標物的縫隙之間，字體的輪廓也會變得模糊，要多加注意。

8... 噴漆乾掉後，再將模板撕下即可。

木櫃、竹籃、金屬等，任何東西都可以做模板DIY。

家具的DIY設計

彩繪家具

幫手邊的家具重新上色、換裝雖然常見，
但我個人的提議是僅粉刷家具的一部分，將家具製成雙色調。
藉由這種將顏色一分為二的方式，營造出流行的印象。

HOW TO MAKE

1... 從正面看，如果粉刷的線條和地板呈現平行，成品就會顯得更加完美，所以要利用直角尺測量，並用鉛筆在粉刷的部分做出記號，讓線條與地板呈現平行。

2... 沿著步驟1的記號貼上紙膠帶。這個部分在成敗中占了80％的比例，所以一定要謹慎、仔細。

3... 用砂紙拋光粉刷的部分。先用較粗的120號砂紙把髒污和原有的塗漆磨掉，完成後，再用較細的240號砂紙進行拋光，使表面變得光滑。

□ 塗料（各少量）
□ 塗料用毛刷
□ 砂紙…2種（120號和240號）
□ 直角尺
□ 鉛筆
□ 捲尺
□ 紙膠帶

4… 砂紙拋光的部分會沾滿木屑，所以要用濕抹布等加以擦拭乾淨。將家具閒置風乾，直到不帶有任何濕氣為止。

5… 將塗料充分攪拌後，用毛刷進行粉刷。塗料和空氣接觸後容易變得乾燥，使用量不多的時候，建議開啟後直接使用，不要另外倒出來。

6… 塗料半乾之後，將紙膠帶撕下。如果等塗料完全乾掉後再撕，塗料可能會跟著紙膠帶一起剝落，所以要特別注意。

塗料型錄

在此介紹我個人喜歡的塗料。
這裡挑選了色彩豐富的製造商，
以及功能多元的品項。

1. PORTER'S PAINT 的 水性塗料

我家裡的牆壁和天花板全都是使用這個品牌的塗料。原產於澳洲的塗料不會有油漆稀釋劑那樣的臭味，延展性也很好，很容易粉刷。從接到訂單後到每一個顏色的調和，全都是持手工製作。塗料本身會因早上～中午～夜晚的光線不同，而產生不同視覺效果的這個部分也是這款塗料的魅力所在。可依照風格、濃淡及光澤挑選的塗料約有15種。另外，由16色顏料所製成的色彩，也能調和成濃郁的自然色調。也可以直接粉刷在壁紙上，我在廚房中使用的塗料就是照片中的「STONE PAINT COARSE」。由於塗料中含有較粗的石英，所以可呈現出陰影效果。￥5400／1ℓ

2. COLOR WORKS 的 Hip mini

幾乎不含VOC（揮發性有機化合物）的安全水性塗料，沒有獨特的異味。相較於一般塗料，粉刷時不需要回刷的部分是最令人開心的地方。此種塗料也具有抗菌效果，所以也具有預防蛀蟲和黴菌滋生的效果。除了木材之外，也可以使用在PVC壁紙上。明亮色調和沉穩色調的色彩共有39種顏色。照片中的「Hip mini」是小瓶裝（200ml），若以椅子來說，大約可粉刷1支椅腳，層櫃約可粉刷2層、窗框的話則大約可粉刷2片左右。用於牆壁的試塗也很GOOD。在本書中則是用來粉刷椅子（p46）。￥1260／200ℓ

3. COLOR WORKS 的 KAKERU PAINT

可以用粉筆在粉刷面上進行塗鴉的塗料。色彩不光只有黑色，一共有7種色彩。粉筆只要用水就可以簡單擦拭乾淨。可以應用在小孩的房間，讓小朋友在牆面上塗鴉玩樂，也可以應用在廚房或廚房餐室的牆壁，當作菜單板用……也可以粉刷在PVC壁紙上。

如果在上方塗上同系列的「MAGNET PAINT」，就能產生黑板和磁鐵兩種功能，能進一步擴大牆面樂趣。我家裡的樓梯（p80）及箱子（p38）都是使用「KAKERU PAINT」。￥3990／0.9ℓ

COLUMN

在國外發現的 DIY ②

去海外旅行的時候，總會覺得DIY真是有品味。
到底和日本的DIY有什麼不同呢？我總是一邊這麼想，一邊仔細地觀察。

這是咖啡廳的菜單招牌。這是附設在舊衣專賣店的咖啡廳，小小的庭院中擺放了英國設計師「羅賓·戴伊（Robin Day）」所設計的學生椅，讓整體變得時尚且流行。外牆上懸掛的這個招牌則是在厚紙箱上隨性塗上白色塗料，再寫上文字，或是用紙膠帶把列印的菜單貼在上頭。這種連小孩都會做的簡單DIY，不僅不需要花費大筆金錢，獨特非凡的程度更是不在話下！

我在赫爾辛基的街道上碰到了一位賣鈴蘭花的大嬸，她的花籃吸引了我的目光！這個用芬蘭的特產「松」所製成的花籃，乍看之下雖然再自然不過，但時髦的色彩卻相當獨特。以白色為基底，重疊上黃色、紅色等的整體色彩充滿了藝術感！雖然給人隨便、粗糙的感覺，但這樣似乎感覺更棒！？（笑）

CHAPTER

室內DIY

牆壁、地板、廚房、樓梯等室內整體
也試著做出個人風格吧！
較浩大的工程只要借助專家的手，
就能更輕鬆地享受DIY的樂趣。

牆壁的DIY設計

裝飾貼紙

在牆面裝上棚架或是進行粉刷雖然很不錯,但使用可以簡單撕除的專用壁貼也是一種
不錯的裝飾方式。建議採用不會顯得太過孩子氣的簡單圓形貼紙。可以集中或分散張
貼,也可以貼出泡沫飛舞般的形象,盡情享受把牆面當成畫布的樂趣。

裝飾貼紙通常都以「裝飾貼
片」、「壁貼」等名稱進行販
售。只要使用圓形或直線等單
純的圖樣,就不會顯得過於孩
子氣。也可以試著利用辦公用
品的圓形貼紙。

牆壁的DIY設計

裝飾盤

在歐洲經常可以看到將彩繪盤裝飾於牆面的室內裝飾,其秘密就在這裡。
只要利用「盤架」,並以圖釘固定於牆面即可。
大賣場或網路商城都有販售,約300日圓左右。
LP唱片的陳列也可以採用這種方法,所以男性也相當適合使用。

牆壁的 DIY 設計

用掛鉤或把手裝飾牆面

可用來裝飾牆面的東西，可不光只有圖畫或照片。

只要把掛鉤或把手之類的實用物品集中在一起，也可以做出意料外的漂亮角落。

如果再混合搭配上復古物品，就能為時尚感加分！

最後再掛上相機或飾品，就能兼具收納功能。

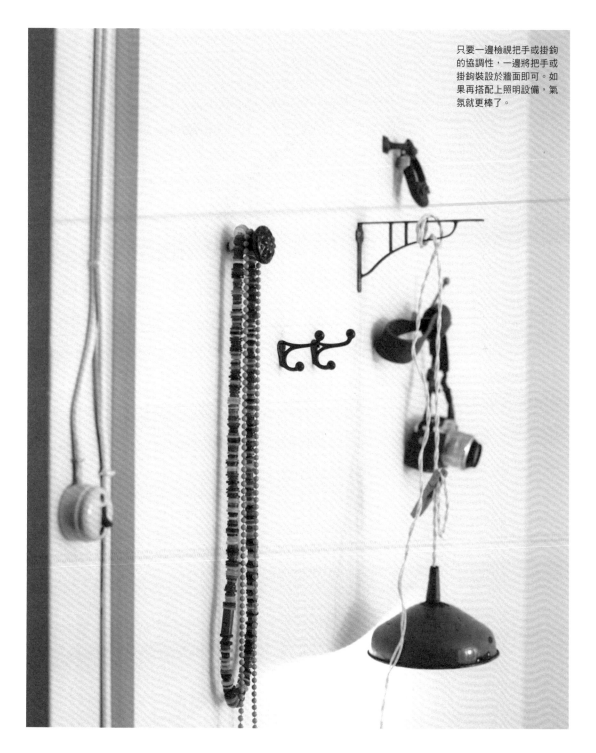

只要一邊檢視把手或掛鉤的協調性，一邊將把手或掛鉤裝設於牆面即可。如果再搭配上照明設備，氣氛就更棒了。

牆壁的 DIY 設計

紙膠帶裝飾吊旗

可以增添牆面樂趣的吊旗。

這裡介紹的是只要剪剪貼貼就可以瞬間完成的簡單版本。

也可以根據色彩，做出率性、少女風、流行感等多種不同的感覺。

和小朋友一起動手做應該也會相當有趣！

TOOLS

□ 5種顏色的紙膠帶
□ 線
□ 剪刀

HOW TO MAKE

1... 把撕成適當長度的紙膠帶對摺，把線夾在其中。以各種不同的顏色重複這樣的動作。

2... 做好需要的長度後，把線剪斷。再將紙膠帶的下緣剪齊即可。

牆壁的DIY設計

碎布裝飾吊旗

立刻就可完成的簡單吊旗，Part.2。

也可以回收再利用長期閒置在衣櫃深處的舊洋裝等衣物。

不使用麻繩，只要使用包裝點心用的那種銀色絲線，

就不會顯得太過簡單。

TOOLS

□ 碎布
□ 繩
□ 剪刀
□ 釘書機

HOW TO MAKE

1... 用手撕出碎布，再用剪刀剪成適當長度。

2... 用步驟1的碎布夾住繩子，再用釘書機固定。重複相同的動作，直到做出滿意的長度為止。

牆壁的DIY設計

雜誌裝飾吊旗

簡單吊旗Part.3，雜誌的回收再利用。

協調搭配色彩鮮艷的頁面與純文字頁面。

繩子要用刺繡等較細的毛線，不僅粗細剛好，色彩也會比較豐富。

TOOLS

□ 喜歡的雜誌（建議採用外國雜誌）或傳單等
□ 厚紙板
□ 毛線

HOW TO MAKE

1... 將厚紙板剪成邊長8cm的三角形，製作成紙型。將雜誌摺成對半，沿著紙型的邊緣剪下雜誌。

2... 重複步驟1的動作，剪出多張雜誌。

3... 把膠水塗在步驟2的紙張背面，並夾入毛線後貼合。重複這樣的動作，直到做出滿意的長度為止。

把油畫畫布當成框

使用把布鋪在木框上的油畫用畫布的背面，製作出不同風格的畫框。

儘管簡單卻顯乏味的粗框木框，可以讓照片或明信片更加醒目。

另外，木框上的文字或數字的刻印也是獨特的部分。

TOOLS

□ 油畫畫布
□ 雙面膠
□ 卡片或照片等欲裝飾的物品

HOW TO MAKE

1... 將雙面膠貼在欲裝飾的物品的背面，並張貼在油畫畫布的背面（可以看到木框的那一面）。因為此種方法是把木框當成框使用，所以只要貼上裝飾的物品就OK了。

把油畫畫布製成棚架

接著我想到的創意是，使用棚架用板托，把油畫畫布製成棚架的方法。

雖然沒辦法放置重物，但小的雜貨或小盆栽之類的物品則完全沒有問題。

只要板托的顏色或風格不同，就算是相同的油畫畫布仍舊可產生大不相同的印象。

板托可在大賣場或網路商城上購得。

TOOLS

□ 畫布
□ 板托 … 2個
□ 螺絲 … 8個
□ 電鑽起子機

HOW TO MAKE

1．用螺絲把板托安裝在油畫畫布的背後（木框端）。如果板托和油畫畫布的尺寸不符，就無法安裝在木框上，要多加注意。

2... 另一邊也同樣要用螺絲安裝板托。

3... 用螺絲把步驟2的成品固定在牆面。

牆壁的DIY設計

安裝5cm寬的裝飾棚架

感覺有點乏味的時候,只要在牆面加上裝飾棚架就能有不錯的感覺。

不讓狹窄房間產生壓迫感的重點就是,5cm這樣的狹窄深度。

只要在上面放置喜歡的小雜貨或明信片等,

就能夠自然醞釀出時尚的氛圍。

TOOLS

☐ 棚架5cm×1m(長度不限)
☐ 直角托架 … 2個
☐ 直徑3mm×長10mm的螺絲 … 4個
☐ 直徑4mm×長30mm的螺絲 … 4個
☐ 鉛筆
☐ 捲尺
☐ 電鑽起子機

HOW TO MAKE

1... 木板建議先在大賣場請賣場人員幫忙裁切。在木板兩端,距離邊緣6～7cm的地方做上記號。

2... 用長10mm的螺絲,把直角托架安裝在做上記號的地方。

3... 把步驟2的半成品平貼在牆面,用長30mm的螺絲進行安裝。只要預先鑽好預備孔,安裝就會比較容易,螺絲就不會扭曲。

4... 把水平儀放在板上,一邊檢視棚架是否與地面呈平行,一邊用螺絲固定另一邊的直角托架。

牆壁的 DIY 設計

用直角托架製作懸浮書架

懸浮在半空中的不可思議書架,其實只要利用相當簡單的結構就可完成。
只要把直角托架(又稱板托)直接貼在書上,再把托架固定於牆面即可。
不僅能成為白色牆壁上的視覺重點,又能作為書或雜貨的裝飾棚架,相當時尚。

HOW TO MAKE

1... 在直角托架的一面塗滿木膠。就以木膠在沒有開孔的地方畫線的感覺進行塗抹。

2... 把步驟1貼在書本封底裡的正中央。讓直角邊緣對齊貼合。在闔起書的狀態下,暫時閒置在一旁,等待木膠乾掉。

3... 利用螺絲把步驟2的半成品安裝在牆上。決定好位置後,把螺絲插入托架上方的2個孔,利用起子機旋上螺絲。打開書本,下方的左右2處也要用螺絲固定。

TOOLS

- □ 直角托架(寬100mm)… 1個
- □ 長4cm的螺絲 … 4個
- □ 喜歡的書
- □ 木膠
- □ 電鑽起子機

4... 把喜歡的書或雜貨推疊在托架上,直到看不見後方的托架為止。日語的文庫書籍等只要把切口端朝向正面,或是拿掉書皮等,視覺上就會更加整潔。

牆壁的DIY設計

壁掛層架安裝

簡單且容易使用的層架就是這種「壁掛層架」。

像營業用般的這種素雅款式，和恰到好處的堅固感是我的最愛。

除了可以自由調整層架高度外，低廉的價格也是其魅力所在。

只要加以粉刷層板的剖面，就可產生視覺重點。

TOOLS

☐ 長90cm的壁掛桿 … 3根
☐ 層架板托（250mm尺寸）… 9個
☐ 層架用厚1.2cm的層板（182×25cm）… 3片
　※這次使用椴木膠合板。
　　在大賣場請賣場人員把182×91cm
　　（規格尺寸）的膠合板裁切成25cm寬。
☐ 直徑3mm×長1cm的螺絲 … 9個
☐ 直徑3mm×長4cm的螺絲（壁掛桿用）… 18個
☐ 水性塗料 … 3種顏色
☐ 鉛筆
☐ 砂紙
☐ 紙膠帶
☐ 毛刷
☐ 電鑽起子機

1... 在大賣場請賣場人員幫忙裁切好的膠合板，要先用砂紙（240號）拋光切口，使表面變得光滑。

2... 沿著膠合板的切口，利用紙膠帶分別將表面和背面的邊緣遮起來。

3... 粉刷切口部分後，待塗料風乾。

4... 這次要利用3根壁掛桿支撐層架。決定好3根壁掛桿的大略位置後，在中央壁掛桿的位置做上記號。上層要在距離天花板15cm下的部分做上記號。

5... 根據步驟4的記號，利用螺絲固定壁掛桿。若是90cm的長度，只要用螺絲固定6個部位即可。

6... 為了讓3根壁掛桿呈現平行，要以中央的壁掛桿為基準，利用鉛筆在另外2根壁掛桿的位置上做上記號，並利用螺絲加以固定。

7... 將3根壁掛桿固定在牆面之後，把層架板托懸掛於壁掛桿的溝槽。

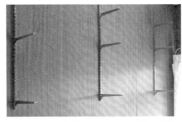

8... 剩下的層架板托同樣也要懸掛在壁掛桿上。

9... 把層板放在層架板托上，再利用螺絲從底部加以固定。

牆壁的 DIY 設計

牆壁粉刷

和國外相比，PVC壁紙在日本住宅中比較常見。

可是，粉刷牆壁遠比想像中簡單多了，所以請務必嘗試看看。

市面上也有販售可直接塗在PVC壁紙上的塗料。

我個人則是把和室的牆壁改造成工作室那樣的雪白牆壁，使裝飾雜貨更為鮮明。

HOW TO MAKE

1... 為了遮蔽和室裡常見的壓條，先請木匠在整面牆貼上混凝土板材。接著，先在板材上塗上色彩。

2... 用補土刀把補土塗在混凝土板材的交界處及圖釘或鐵釘的孔，藉此消除縫隙及凹凸不平的面。補土乾了之後，用砂紙拋光表面，使表面變得光滑。

3... 把紙膠帶貼在與牆壁交界的地板，以防止塗料沾到地板。

4... 在步驟3的紙膠帶上方貼上遮蔽膠帶，以防止塗料飛濺到四周。

5... 為避免遮蔽膠帶的塑膠膜挪移，要預先用紙膠帶固定在地板上。

6... 插座或開關蓋板等也要預先用紙膠帶加以遮蔽。為了提升整體的完成度，確實的遮蔽是相當重要的事情。

7... 把適量的塗料倒進桶子。粉刷的時候，要利用桶子的邊緣擠壓毛刷，把多餘的塗料擠掉。

8... 使用較大的毛刷（這裡使用的是PORTER'S PAINT）從上方開始粉刷。只要等第一次的塗料徹底乾掉後，再塗上第二層，就可做出完美的粉刷。

9... 邊緣或角落要仔細粉刷，避免有所遺漏。如果沒有確實貼上遮蔽膠帶，塗料就會沾到地板。紙膠帶和遮蔽膠帶要在塗料半乾的狀態下撕除。

牆壁的 DIY 設計

磁磚

磁磚的牆壁和粉刷或壁紙牆壁有著截然不同的質感及色彩差異。

我選用了復古風格的磁磚。

因為濃厚的色彩很多，而且還有圓或四角、六角形等各種形狀。

感覺是不是很像國外的室內裝飾？

除了水源周遭外，應用在棚架等家具上也會有不錯的感覺。

利用色彩混搭的馬賽克磁磚自行 DIY 的淋浴間。因為空間狹窄，所以便選用了明亮的色彩。磁磚的購買地點是「TILE LIFE（磁磚生活）」（請參考 p121）。

左／洗手台的牆壁把較大的四角形磁磚貼成格紋圖樣。如果較大的磁磚只張貼於牆壁的一部分，就不會產生沉重的印象。重新展現了西洋書籍上所看到的素雅色調，同時消除了磁磚縫隙。

右／廚房的牆壁採用六角形的小塊磁磚。由於這是過季商品，所以有著濃厚的復古氣氛。磁磚邊緣的鋸齒也相當俏皮。

TOOLS

□ 馬賽克磁磚
□ 磁磚用黏著劑
□ 填縫料
□ 水（份量記載於填縫料的包裝）
□ 抹刀
□ 齒型抹刀　　□ 海綿
□ 抹布　　　　□ 板子

HOW TO MAKE

1... 把黏著劑倒在板子（塑膠紙板亦可）上，在中央弄出窪坑。

2... 一邊把水一點一滴地加入窪坑部分，一邊用抹刀充分攪拌。氣溫較高時，水要多增加一些。混合了水的黏著劑無法保存，要盡可能用完。

3... 充分攪拌直到出現黏膩感後，先把黏著劑集中成較大的丸子狀。

4... 用齒型抹刀把步驟 3 的黏著劑塗在磁磚的黏貼面。只要使用齒型抹刀，就可以塗出均勻的厚度。

5... 把磁磚放在步驟 4 的黏貼面上方。重複張貼塊狀磁磚時，要把接縫的縫隙隔開張貼。黏著劑乾掉後用抹刀把填縫料塗抹於磁磚整體。

6... 趁填縫料半乾的時候，用沾了水的海綿擦拭表面，擦掉多餘的填縫料。填縫料一旦完全乾掉，就會不容易清除，要多加注意。

7... 利用濕抹布把殘留於磁磚表面的填縫料擦乾淨。就算是租屋，像玄關等狹窄場所，只要先鋪上膠合板再貼上磁磚，就可在搬家後恢復原狀。

牆壁的DIY設計

更換壁紙

位於我家二樓的舞蹈室充滿了外國風情,是我個人很喜愛的空間。

我在芬蘭購買的復古風壁紙是重點。

如果整面牆都張貼,就算壁紙有著強烈風格的圖樣,

仍會失去特色,所以部分張貼反而比較能強調出重點。

TOOLS

□ 壁紙
□ 壁紙用接著劑
□ 抹刀
□ 美工刀
□ 尺
□ 毛刷(接著劑、按壓用)
□ 滾輪
□ 鉛筆

HOW TO MAKE

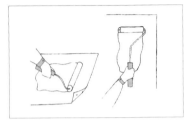

1... 把接著劑均勻塗抹在壁紙上。材質為紙或PVC的壁紙,直接把接著劑塗抹於壁紙後即可。材質為不織布的壁紙,則要把接著劑塗在牆上。塗抹完畢後,靜置15分鐘左右。

2... 用手把壁紙整體往四周延展,一邊進行黏貼。用毛刷從中心朝邊緣按壓,把空氣排出。

3... 裁切多餘的壁紙之前,要先利用抹刀壓出裁切線。

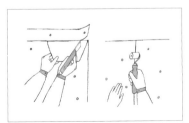

4... 把抹刀確實平貼於裁切部分,再用美工刀把壁紙割開。張貼第2張壁紙時,要一邊對齊圖樣,一邊進行黏貼。壁紙之間的交界要用滾輪確實按壓。

LOVE CUSTOMIZER IDEA 35

更換窗簾軌道

去除掉閃閃發亮的鋁製或不鏽鋼製窗簾軌道後，窗緣會變得格外潔淨！

我自己的家裡安裝了樣式簡單的暗色調纖細窗簾軌道和鐵絲。

透過鐵絲的使用，不僅可以使用我最喜歡的古典蕾絲，

還可以讓柔和的陽光射入房間。

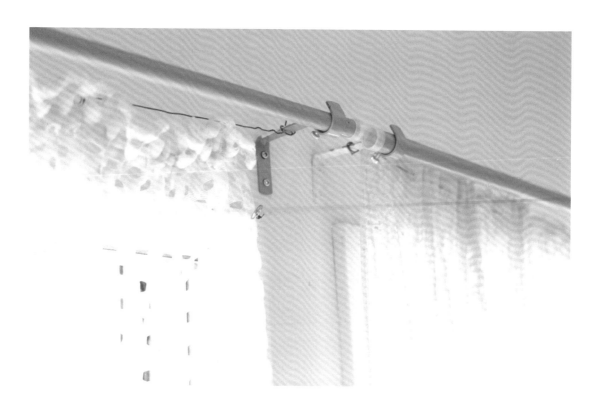

TOOLS

□ 喜歡的窗簾軌道
　（在「IKEA」購買。使用隨附
　的螺絲）
□ 隨附的軌道托架
□ 鐵絲
□ 電鑽起子機

HOW TO MAKE

1... 把舊窗簾軌道的螺絲旋開，取下舊窗簾軌道。

2... 用螺絲安裝軌道托架。牆壁為混凝土或是石膏牆的時候，要使用固定用的膨脹螺絲（壁虎）。

3... 把穿過窗簾的軌道安裝於軌道托架。

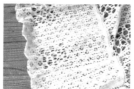

4... 這次使用的軌道是簡單規格，所以便使用鐵絲來懸掛蕾絲窗簾。只要把鐵絲穿過蕾絲的網格就可以了。

5... 把鐵絲的兩端纏繞在軌道托架上，加以固定。

LOVE CUSTOMIZER IDEA 36

門的DIY設計

更換把手或門把

既然喜歡室內裝飾，門把或把手之類的小細節也是需要注意的部分。

找到古典風格或具設計感，符合個人喜愛的小配件後，就試著自行更換吧！

原本看膩的門，應該會瞬間變得新奇。

當然，門的把手變大之後，門的開關也會變得輕鬆。

和室客廳的門原本是相當日式風格的把手。

TOOLS

□ 喜歡的把手
□ 電鑽起子機
□ 符合把手尺寸的螺絲

HOW TO MAKE

1... 先確認喜歡的把手是否能夠安裝。這次採用尺寸比舊把手大的把手，這樣恢復原狀的時候也會比較輕鬆。

NG... 若採用這種款式的把手，就無法遮蓋原本的舊把手。

2... 用螺絲安裝把手。

把手製成托盤

在居家裝飾店或大賣場發現各種設計的把手。
要不要試著買下兩種相同款式的把手，製作成這樣的托盤？
製作方法很簡單，只要將把手安裝在板子上即可。
也可以利用色彩或形狀不同的木板製作出多個托盤，應用於各種不同的場合。

TOOLS

□ 尺寸適當的木板 … 1片
　（照片為厚2cm×45×28cm）
□ 把手 … 2個
□ 木製壓條 … 2根
　（裁切成符合木板長邊的尺寸）
□ 符合把手尺寸的螺絲 … 8個
□ 木膠
□ 砂紙（240號和400號）

□ 廢木材　　□ 橄欖油　　□ 海綿
□ 廢布　　　□ 夾子　　　□ 電鑽起子機

HOW TO MAKE

1... 把木板的邊緣及角，依240號→400號的順序，用砂紙磨出光滑表面。砂紙只要捲著廢木材使用，就會比較容易使力。

2... 為了達到防水、增豔的效果，用海綿把橄欖油塗在木板上。全部都塗滿油之後，利用廢布把多餘的油擦掉。

3... 利用木膠把木製壓條貼在木板兩側的長邊，並用夾子固定，直到木膠完全乾掉為止。

4... 用螺絲將把手安裝在木板兩側的短邊。

製作標示牌

製作標示牌

我一直覺得普通的門牌相當無趣、乏味。

於是便試著把鐵釘釘在踏板木材上,製作了如藝術圖像設計般的門牌。

具質感的踏板木材和建築工程等使用的螢光色水線的組合搭配,

是決定美觀的關鍵。用來裝飾房間也相當時尚。

TOOLS

☐ 厚度3.5cm的踏板木材(18×9cm)
☐ 測量用水線(螢光色)
☐ 長3cm的鐵釘(白、茶色)
☐ 喜歡的圖樣範例
☐ 描圖紙
☐ 鉛筆(2B以上較濃的鉛筆)
☐ 鉗子
☐ 鐵鎚

1... 把欲使用的圖樣範例（也可以在網路上尋找喜歡的字型）放大影印，再用鉛筆描繪在描圖紙上。

2... 將步驟1的描圖紙翻面，用鉛筆描文字。

3... 把步驟2的描圖紙放在踏板木材上，用鉛筆的頭等堅硬物摩擦文字。

文字轉印在踏板木材上的狀態。

4... 沿著文字，等間隔地釘上鐵釘。鐵釘要筆直揰打，且彼此的深度要相等。鐵釘不慎彎曲時，就用鉗子拔掉，重新釘上。

5... 這次設計的是門牌號碼，而不是姓名。這次的數字和英文字母是採用不同的鐵釘顏色，但相同顏色亦可以。

6... 在水線的尾端打結，製作出懸掛於鐵釘用的環。

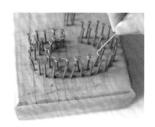

7... 把步驟6的環掛在鐵釘上，為避免線太鬆，要一邊把線稍微拉緊，一邊把線纏繞在一根根鐵釘上。利用這種方式做出文字的輪廓。

8... 輪廓的內側則採用隨機方式，把線交錯纏繞於鐵釘上。一個文字完成之後，就把線尾綁在鐵釘上，打結後剪斷。

9... 因為鐵釘色彩的差異，就算使用了相同的線，仍舊能產生不同的微妙形象，感覺相當有趣。

廚房的DIY設計

訂製流理台

制式化的系統流理台不僅不符合預算和喜好，傳統的營業用款式更是乏味無趣。

因此，我便透過網路尋找營業用廚具商，進一步商談之後，我找到了「LESS」（參考p118）這個品牌，終於得以訂製自己喜歡的流理台。

我指定了流理台的寬度、水槽、瓦斯爐尺寸和毛巾架，然後極力採用簡單外觀。

除瓦斯爐之外，所花費的費用大約25萬日圓左右。

因為請廠商把水龍頭裝設於牆面，所以沒有基座，相當簡潔。清理起來也相當容易。水槽採用大型水槽，並請廠商把角製作成直角，做出俐落形象。採用了使刮痕不明顯的髮絲紋（HairLine）拋光加工。

因為我想把毛巾及廚具等懸掛在水槽處，所以就請廠商加裝了彎摺成匚字型的不鏽鋼板。結果大大提升了料理效率，使用起來比想像中更加便利。每天都會有加裝這個真好！的感覺。

原本是出租房屋中常見的款式。小型且不容易運用的流理台。

瓦斯爐我選用了以功能美作為訴求的「HARMAN（日本瓦斯爐品牌）」。我是先訂購瓦斯爐，再把瓦斯爐的尺寸提供給「LESS」，請廠商幫忙設計。

流理台下方大膽採用了開放空間，完全不設置任何棚架。腳附有可調整高度的調整器。腳的粗細也堅持採用名為3cm方角的時尚尺寸。

廚房的DIY設計

廚房牆面的形象改造

搬家後的第三年，我突然很想徹底改造廚房的形象。

想到就可以馬上做，正是DIY的最大優點。我向「PORTER'S PAINTS」訂購塗料，

打算改變牆面的色彩。只要告知想粉刷的面積大小，

廠商就會幫忙計算出所需的塗料份量。馬上拿起電鑽起子機和毛刷，開始動工吧！

STEP.1 決定色彩

1-1... 請「PORTER'S PAINTS」提供色彩樣本，挑選色彩。因為很難憑小型色票掌握住整體的形象，所以先挑選了2～3種色彩。

1-2... 請廠商提供選用色彩的較大尺寸樣本，決定色彩。這次決定採用「紅寶石色」！這種和過去截然不同的色彩，特別令人興奮……。

STEP.2 首先，拆下使用中的棚架和照明

只要把電鑽起子機設定為逆轉，就可以瞬間拆除螺絲。5個棚架只花費15分鐘便拆除完成！

STEP.3 用補土填補螺絲孔

用補土填補安裝棚架或掛勾後的螺絲痕跡，補土乾了之後，利用砂紙把牆面磨成光滑狀態。（詳細請參考p112）。砂紙要使用400號。

STEP.4　用紙膠帶遮蔽

為避免塗料沾到不打算粉刷的部分，要先利用紙膠帶加以遮蔽。磁磚的接縫呈現凹凸不平，所以要用指甲確實按壓貼上。

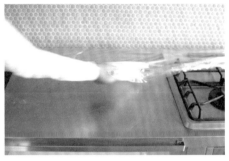
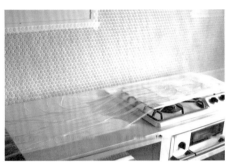

水槽上方及地板則要用遮蔽膠帶來加以遮蔽。

STEP.5　終於要開始粉刷囉！

5-1... 充分攪拌塗料後，把塗料倒入桶子。

5-2... 剛開始先用較細的毛刷粉刷周圍。

粉刷用的油漆桶有一種附磁鐵的款式。方便把毛刷吸附在桶邊。

5-3... 接著，利用較大的毛刷，以宛如寫8一般的方式塗抹整體。這樣不僅不會不夠均勻，也能粉刷得更漂亮。

5-4... 塗料充分乾掉後，再進行第二次粉刷。

STEP.6 撕掉紙膠帶

趁塗料半乾的時候，撕掉紙膠帶。

STEP.7 裝上棚架

7-1... 這次決定裝上在「CONRAN SHOP」購買的鐵網架。把鐵網架平貼於牆面，決定好大略的位置。

7-2... 用捲尺從左右、上下的邊緣開始測量距離，再用鉛筆在安裝螺絲的位置做上記號。注意水平。

7-3... 在棚架的左右正中央的記號處鑽出預備孔，再鎖上螺絲。這個小動作可以讓螺絲更容易鎖入。

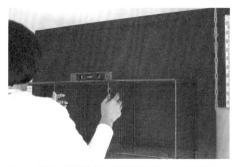

7-4... 鎖上一個螺絲後，試著掛上棚架，一邊利用水平儀檢查，一邊決定下個螺絲的位置。

7-5... 棚架的下方也要加以固定。利用相同要領，一邊檢視水平，一邊裝上棚架。

利用「IKEA」購買的托架和踏板木材所製成的棚架也是新的。照片下方懸掛咖啡過濾器的東西是捲筒衛生紙架。

變身成略帶成熟的形象！正因為住了3年，所以會知道哪些地方不方便，就能夠加以改良。這也是DIY的優點。

配合牆壁的色彩，水槽下方的收納用箱子等容器也做了改變。讓黑色更具效果。

地板的DIY設計

在地板鋪設踏板

在我的家裡,地板、牆壁、棚架等許多地方都有踏條木板的身影。

踏板木材在建築現場作業時,都被用來作為踏板鋪設於地面,所以具有一定的堅硬度,同時,略帶剛硬的氛圍也能讓室內裝飾更加美觀。

我主要都是在「WOOPRO杉木踏板專賣店(http://www.ashiba21.com/)」(請參考p117)訂購二手踏板。

A 2樓作為工作室的小房間的牆壁,採用厚度僅5mm薄度且通用性高的薄板,刻意做了塗白,以營造出明亮的氛圍。

B 與A相同,2樓工作室的地板選用了具木材樸實質感,厚度1.5㎝的二手踏板。

C 客廳採用了厚度1.5㎝的新踏條木板,以改變寬度的方式任意鋪設。由於踏板全都是日本產的杉木,所以相當柔軟,即便是新的木材,只要1~2年就能孕生出極佳的質感。

D 玄關到客廳的區域使用了裁切成窄寬度的踏板。光是寬度的差異,就能產生不同的形象。

E 陽台使用較不怕水,不容易腐蝕的新商品。這邊還有運用踏板厚度所製作的棚架,請參考p86。

F 原本是和室的寢室裡,把符合塌塌米厚度的3.5㎝厚的踏板貼在鋪設的膠合板上。

洗手台的DIY設計

親自挑選配件，製作洗手台

搬到這裡的時候，這裡原本是個空無一物的狹窄空間。

直接擺設制式洗手台會比較輕鬆，但我還是很堅持視覺上的感官效果，

便親自挑選了各種不同的配件。

因為不是制式洗手台，所以連鏡子都裝上自己所喜歡的款式。這是在「GALLUP」×「Love customizer」的工作坊，使用二手材料所製作的。

以西洋書籍上的某頁為形象，把淡色調的磁磚貼成方格花紋，再以「PORTER'S PAINT」粉刷牆面。洗手台和水龍頭都是在網路商城「PAPASALADA（http://papasalada.net/）」購買，再請水電工幫忙裝設。洗臉槽約1萬日圓左右。

因為這裡也兼具更衣室功能，所以便設置了更衣簾。裝上「IKEA」的窗簾軌道，再掛上隨意剪裁的麻布便完成了。因為布是根據下擺調整高度，將上方多餘部分反摺後，再利用專用的夾子固定而已，所以隨時可以換成不同的布。

洗手台的下方製作了開放棚架。竹籃裡面收納了私人用和客人用的毛巾。罐子裡面則存放了洗衣粉等物品。

LOVE CUSTOMIZER IDEA **43**

樓梯的 DIY 設計

改變樓梯形象

相較於房間的室內設計，最常被忽略的部分就是樓梯。

可是，光是看在每天都要經過的份上，就更該有所堅持，

這樣一來，煩人的上下樓也會變得更有樂趣。

我利用壁紙和黑板漆隨機設計了豎板部分。

在黑板漆的部分，還寫上了給人加油打氣的短語。

TOOLS

- ☐ 砂磨機或砂紙 120～240 號
- ☐ 油性著色劑
- ☐ 塗料（黑板漆）
- ☐ 毛刷（油性著色劑、塗料用）
- ☐ 紙膠帶
- ☐ 遮蔽膠帶

- ☐ 壁紙
- ☐ 壁紙用接著劑（AMINOL）
- ☐ 毛刷（接著劑、按壓用）
- ☐ 滾輪
- ☐ 剪刀
- ☐ 尺
- ☐ 鉛筆

1... 用砂磨機拋光樓梯的踏腳，剝除原本的塗漆。用砂紙也可以，但拋光面積較大的時候，使用砂磨機會方便些。之後，用沾濕的抹布擦掉木屑，待其自然風乾。

2... 把油性著色劑塗在踏腳上。就算各層的顏色有濃淡變化，但在爬樓梯的同時仍舊可以享受氛圍的差異，無需特別在意。

3... 靜候30分鐘後，用乾的抹布輕輕擦拭油性著色劑，讓色彩融合後，待其完全乾燥。

4... 接著進行豎板部分的粉刷，首先要用紙膠帶遮蔽周圍。

5... 用遮蔽膠帶遮蓋腳踏部分。

6... 用毛刷將黑板漆塗抹於豎板。只要塗上兩層，就可以完成漂亮的粉刷。

7... 把壁紙剪裁成豎板的尺寸。

8... 用刷毛把壁紙用接著劑塗在壁紙的背面，靜置15分鐘，待接著劑略乾（可提升接著劑的黏著力）。

9... 把壁紙貼上豎板，用刷毛從中央往外押出空氣。

10... 為避免角落部分掀起，角落部分要利用竹片等物品按壓。

11... 以2張壁紙銜接黏貼時，只要用滾輪按壓交接部分，就可以完美黏貼。

樓梯也貼上與2樓舞蹈室正面牆壁相同的壁紙後，便可做出空間連接的感覺。

櫥櫃的 DIY 設計

把櫥櫃製成裝飾棚架

就算是日式風格強烈的櫥櫃，只要把隔扇拆除，塗成白色，就能營造出洋式風格。

上層請木匠製作了櫥櫃一半深度的棚架，並崁入牆內。

棚架改成展示收納，棚架的深處則收納季節性家電等物品。

下層的左側則用百葉窗遮掩。

BEFORE

房屋結構上的櫥
櫃深處正巧是樓
梯的位置，所以
下層的右側呈現
無法使用的狀態。

HOW TO MAKE

1... 把隔扇拆下，將內部塗成
白色。右下部分貼上5mm厚的
木板。

2... 把因季節性而很少拿出的
家電等物品收納在內部。下層
收納的工作用書籍只要預先放
入相同尺寸的箱子，就可以毫
不浪費空間，也方便拿取。

3... 上層排列深度僅櫥櫃一半的無隔板棚架。

4... 為了讓書本更容易收納，在
上方放置2個有30×30×30㎝
隔層的棚架。

5... 下層利用在「non sense」
（請參考p120）購買的百葉窗
加以遮掩。因為尺寸並沒有完
全符合，所以會稍微超出上
層。

6... 在百葉窗的右上鎖上夾於
棚架縫隙間的直角托架，藉此
固定百葉窗，以免傾倒。

櫥櫃的DIY設計

把櫥櫃製成壁櫥

寢室的櫥櫃只要拆下隔扇,將內部塗成白色,就能搖身變成壁櫥。

頂部安裝了仿古風格的垂吊式衣架。

再進一步加上棚架及掛勾、時鐘、照明,做出櫥窗風格的收納。

HOW TO MAKE

1... 請木匠把隔扇和中板拆除,並在櫥櫃內部鋪上與寢室相同的地板木材後,用塗料將整體塗成白色。

2... 用螺絲把托架安裝於牆面,放上層板後,用螺絲加以固定。

3... 側面裝上用來懸掛帽子或皮包的掛勾,頂部則裝上垂吊式的衣架。

4... 把夾式的照明安裝在頂部。

5... 由於照明的電線有礙觀瞻,所以要讓電線貼著頂部或牆壁,用肘釘(ㄇ字型的釘)加以固定。

陽台的 DIY 設計

把陽台當成居家空間使用

說到「有效運用陽台」，或許很多人都會聯想到園藝。

我個人則推薦使用戶外用家具或地毯，改造成居家空間。

即便是狹小的陽台，只要變成能赤腳踏出的環境，就能提升居家舒適度。

　　2樓陽台外的景觀是我決定買下這間房子的原因之一。所以，只用來作為曬衣服的場所那就太可惜了！因為想享受難得的景色，所以我便在地板鋪上地毯、擺上桌椅，做出居家空間般的陳設。休假的時候可以在這裡一邊欣賞樹木的綠意，或眺望遠處的海景悠閒度過，夜晚則可以一邊欣賞夜空，一邊品嚐美酒……。把陽台變成房間的一部分後，便會多出一個自己所喜愛的場所，也就會更加增添回家的樂趣。我在「GALLUP」（請參考p121）找到的地毯，其實是用來作為馬具的馬鞍座氈（Saddle

Blanket）。雖然也有較薄的款式，但鋪在地面的地毯還是建議採用厚羊毛之類的較厚款式。因為是穿著鞋使用，所以不論洗多少次都沒有問題。原本打算在海邊使用而購買的摺疊椅，是「Coleman」和「BEAMS」共同設計的產品。因為是戶外用品，所以相當堅固、耐用。

　　這裡除了蠟燭等之外，還放置了菸灰缸，所以也可以作為訪客專用的吸菸空間。因工作而來拜訪我的人，也經常在這裡悠閒小憩一番喔！（笑）

wood
deck **1**

wood
deck **3**

wood
deck **4**

wood
deck **5**

wood deck **2**

為了讓1樓的陽台更舒適，我一直在反覆構思藍圖。雖然有些事情是我自己所辦不到的，但「大工程交給專家，加工由自己動手做」是我的一貫作風，所以我便先找木匠商量（只要透過在電話簿或網路上找到的工務店，對方就會幫忙介紹木匠）。

材料是在我經常光顧的踏板專賣店「WOODPRO 杉木踏板專賣店」（請參考p117）購買的。木陽台用的木材大多是帶有紅色的木材，但「WOODPRO」的戶外用新商品則是我喜歡的灰色調和風格，所以我便使用了這種木材。除了厚度達3.5cm之外，再加上本身是日本房屋經常使用的杉木，所以就算作為木陽台使用，仍舊相當堅固。只要提供大概的使用範圍，木匠便會告知需要多少踏板。

詳細請參考下一頁。

wood deck 1　牆壁

依周圍的環境及目的來評估牆壁的高度。木板的配置方式要依照遮蔽與否、景色展示與否，或是否想阻擋風或是讓空氣更加流通來加以改變。以我自家的情況來說，房子前面是山的斜坡，不需要過分遮蔽，所以就把牆壁的高度控制在可以看到周圍樹木的程度，藉此做出更佳的私人空間感。通常木匠都會在現場溝通、協助。

wood deck 2　盆栽架

使用的木板厚度是3.5cm，所以便請木匠以3.5cm間隔的方式製作木陽台的牆壁。原因是只要把多餘的木板插入牆壁的間隔，就可以成為棚架。如果是放置較輕的物品，就算不用鐵釘等加以固定也沒有問題。因為可自由變動，所以可配合植物盆栽，改變木板的位置或尺寸。

wood deck 3　門

為了讓木陽台的牆壁亦可作為出入口使用，而加上了附門鎖的門。門是把相同的木板裁切成3.5cm寬所製成。其實，這是木匠的創意。與其使用相同寬度的木板，不同寬度不僅可避免單調印象，還可以讓牆壁的表情聚焦。這部分也是委託專家的好處之一。門的下方還做了一個小門，讓我的愛貓可以隨時進出。

wood deck 4　桌子

利用多餘的踏板製作成桌子。只要把製作好的桌面放在「IKEA」販售的桌腳上就可以了，不使用的時候還可以摺疊收納，這是最令人開心的部分。在這裡喝茶、吃飯是任何事情都無法取代的奢侈時光。

wood deck 5　地板

關鍵是讓陽台和客廳呈大致相同的高度。這裡是否有段差，會有很大的差異。高度相同的時候，外面的陽台和內部的客廳看起來就會像是同一個空間，視野便會擴大，可以讓房間產生開放感。這部分的調整對外行人來說是相當辛苦的事情。交給專家去做不僅輕鬆，完成度當然也會大幅提升。

陽台的DIY設計

用多餘的踏板製作桌子

TOOLS

☐ 厚度3.5cm的踏板（寬23cm×90cm）…3片
☐ 厚度3.5cm的踏板（寬5cm×70cm）…3根
☐ 桌子的腳（在「IKEA」購買）…1組
☐ 電鑽起子機
☐ 砂磨機或砂紙
☐ 捲尺　　☐ 直角尺　　☐ 鉛筆
☐ 長5cm的螺絲

HOW TO MAKE

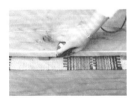

1... 把3片寬度5cm的踏板放成等間隔，如照片般，把3片作為頂板的踏板（寬23cm）並排在寬度5cm的踏板上。

2... 為了用螺絲固定寬度5cm的踏板和頂板，要先用鉛筆在鎖入螺絲的位置做上記號。每片頂板要以螺絲固定3個地方。記號要做在寬度5cm踏板的中央。

3... 在記號上預先鑽開預備孔後，用螺絲固定底部的踏板和頂板。只要先從放置了3根寬度5cm踏板的正中央用鐵釘固定，釘打兩端踏板時，作業就會比較容易。

4... 用砂磨機拋光頂板的角。若使用砂紙，則以180號至400號的順序進行拋光，直到頂板的角變得光滑為止。最後再把頂板放在桌腳上便完成了。

我家裡有3隻貓。我一直在找尋有沒有什麼適合裝乾飼料的容器，最後讓我靈機一動的是油漆罐。大賣場裡通常都有這種油漆罐的販售，不僅設計簡單，而且也相當堅固，不會因為貓咪肚子太餓而被打開。不管是外觀或是功能都相當完美。

裁切木板時，用來固定作業台的工具「C型夾」。雖然簡單，卻是DIY中被稱為「第三隻手」的重要工具。這個仿古造型的C型夾是經常關照我的居家裝飾店「GALLUP」的經理，從美國採購回來的禮物。因為難得，外觀也很棒，所以我便把它固定在音響附近的棚架，用來作為iPod的專用座。裝設的位置也可以自由改變，可用性相當出類拔萃。

CHAPTER

居家舒適度 DIY

「這裡如果有棚架就好了」、
「如果這樣的話就更好使用了」，
這種時候正是 DIY 的好時機。
只要稍微下點功夫，
就可以讓居家生活更加舒適。

安裝在廚房天花板的是，把琺琅製漏斗當成遮光罩的照明。這種形狀能讓光線集中於下方，所以不適合希望整個房間變得明亮的情況，比較適合希望把近物照得更明亮的地方。

照明的DIY設計

LOVE CUSTOMIZER IDEA 49 更換照明器具

　我在居家裝飾店曾經有過店頭展示的經驗，那樣的經驗讓我深刻感受到照明在居家裝飾上的重要性。在日本，或許大多是一個房間裝設一個天花板日光燈，但歐美則多半是裝設許多間接照明，在略帶陰影的溫暖光線下生活。照明的改變不僅能營造出空間的變化，還能讓料理看起來更美味、談話更輕鬆、讓心靈變得沉穩，對居家生活及心情的影響相當大。依遮光罩類型的不同，光線接觸的方向（配光曲線）也會有所改變，所以，配合地點及目的挑選照明才是最正確的方式。在這裡為大家介紹我家裡的3種遮光罩，以及改變照明時的基本知識。

電線變成插座的照明上，安裝了在大賣場購買的銜接用插座接合器。另外，也可藉由增加改造的接合器，增加照明的數量。最多可增加3個照明。

照射牆上的圖畫、單人座的沙發，或是安裝多個裸電燈泡，都是以照明區分單一空間的手法。只要把單眼螺栓裝在天花板上，掛上電線，再把電燈泡裝在想照射的場所即可。只要把電線改成「White Cube」（請參考p119）購買的復古風螺旋電線，就可以讓電線的外觀變得更時尚。

因為我的家是間老房子，所以牆壁上會有外露的配線。我個人很喜歡工業風格的感覺，所以便用自己所喜歡的購物卡或DM等，來裝飾樓梯處連接1樓和2樓的電線。

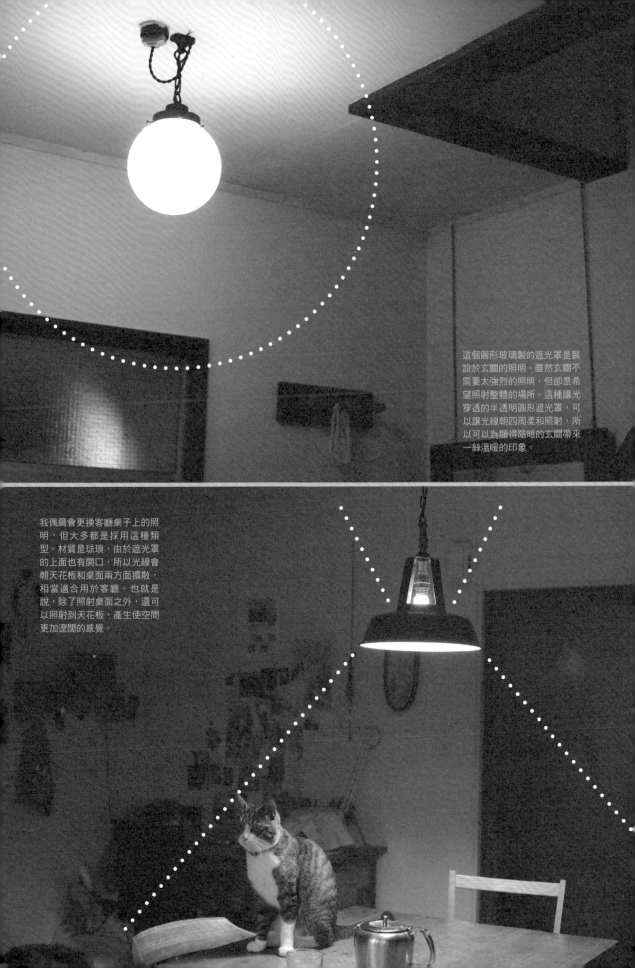

這個圓形玻璃製的遮光罩是裝設於玄關的照明。雖然玄關不需要太強烈的照明，但卻是希望照射整體的場所。這種讓光穿透的半透明圓形遮光罩，可以讓光線朝四周柔和照射，所以可以為顯得陰暗的玄關帶來一絲溫暖的印象。

我偶爾會更換客廳桌子上的照明，但大多都是採用這種類型。材質是琺瑯，由於遮光罩的上面也有開口，所以光線會朝天花板和桌面兩方面擴散，相當適合用於客廳。也就是說，除了照射桌面之外，還可以照射到天花板，產生使空間更加遼闊的感覺。

照明的 DIY 設計

改變照明的位置

把桌子的位置移動到牆壁旁或中央後，只要稍微改變一下牆壁的裝飾，
房間的整體印象就會瞬間轉變。
對於配合季節或心情隨意陳設家具來說，
照明和電視的配線是關鍵。

我屬於那種心動就馬上行動的個性，所以就算在大半夜也會經常獨自一個人移動大型家具。看慣了的家具擺設光是改變一下方向或組合，或是挪移到其他的房間，就會產生截然不同的表情。可是，其實照明的位置才是讓表情更顯活潑的最大關鍵。例如餐桌。就算想改變位置，垂吊燈飾的位置如果不一起跟著改變，就無法改變整體擺設。所以，只要增加衍接接合器或是加長電線，就可以一併改變照明的位置。我

購買照明的時候，都會請店家把電線加長1.5m。這部分只要交給購買的店家或電器行就行了。照片中的螺旋電線就是請「White Cube」（請參考p119）幫忙更換的。

另外，電視的配線也一樣。電視的位置一旦固定，沙發或椅子的位置就會跟著固定。如果可以在房間的另一邊增加配線口，屋內陳設的更換就能更加彈性。這些作業都可以請附近的水電行幫忙施工喔！

收納的DIY設計

時尚的收納

空間有所限制，但東西卻不斷增加。應該很多人都會有這種困擾吧？

我個人也因為職業病使然，家裡的東西也是越積越多。

雖然很想讓收納更整潔，但我卻不擅長有系統的歸納整理…………。

我個人喜歡的方法是，用喜歡的收納容器來收納，同時達到裝飾的效果。

食材或廚具等雜物較多的廚房，運用了較大的收納箱。最左邊的紅色箱子裝了油和醬油等調味料，中央的舊木箱是鍋具類，寫著「FLOOR」的圓桶則收納了食材等物品。收納較重物品的箱子還另外加裝了腳輪，讓取用時更加容易。（請參考p97）

這個玻璃杯是眼鏡的專用座。這是覺得可以拿來做為裝飾，而在復古商店購買的玻璃杯。因為可以看到裡面，所以就用最愛的眼鏡來加以裝飾兼收納。

木工作家井藤昌志先生製作的橢圓形木箱中，收納了茶碗及茶杯等茶組。圓形的物品收納在圓形的容器中就會比較容易擺放。

廚具只用鐵絲懸掛，以便可以馬上取出使用。抹布則用掛在鐵絲上的大夾子夾起來收納。

收納的DIY設計

製作腳輪架

堆疊在地板上的雜誌或花盆、廚房的垃圾桶等,都是不容易搬運的重物,
腳輪架便是承載搬運這些重物的珍貴工具。
因為可隨手推動,所以打掃或改變陳設時也會變得輕鬆。
照片是放在腳輪架上並收納於水槽下的調味料收納箱。

TOOLS

☐ 符合承載物尺寸的木板(如果要承載
  較重的物品,建議採用較厚的木板,
  若是照片中的調味料收納箱,1.5cm的
  厚度便十分足夠了)
☐ 腳輪⋯4個
☐ 螺絲⋯16個
☐ 電鑽起子機

HOW TO MAKE

1... 把腳輪放置在木板的4個角落,檢視協調性。

2... 配合腳輪的螺絲孔,先用電鑽起子機的鑽頭鑽出預備孔。如果沒有電鑽起子機的話,就使用螺絲錐。只要這樣一個小動作,就可以避免之後的失敗。

3... 把電鑽起子機的配件更換成十字起子,鎖上腳輪的螺絲。如果沒有電鑽起子機,就使用螺絲起子。

用鐵釘來收納

懸掛飾品或鑰匙圈、帽子，或是垂吊框架、
固定明信片的時候，經常會把鐵釘當成圖釘使用。
最常使用的是頭部很小，且不會在素材中過分突出的「外殼用釘」，
這種鐵釘的色彩和形狀相當多變。因為比掛勾更簡單，所以我相當喜歡。
欲修補牆壁上的釘孔時，請參考p112。

在利用紅酒木箱製成的棚架上釘上黃銅釘，懸掛鑰匙圈或裝飾。橘色的環保袋裡面收納了復古的門把及掛勾。

復古的工具有著奇特的造型。只要釘上白色的小鐵釘懸掛，鐵釘就不會那麼明顯，而且還可以讓工具的存在感更加鮮明，產生畫廊般的氣氛。

懸掛鏡子的鐵釘原本是水藍色的外殼用釘。如果沒有自己喜歡的顏色，也可以自己用塗料或壓克力顏料改成自己喜歡的顏色。

寢室的牆壁上為了懸掛項鍊或襯衫，而釘上較大的鐵釘。可以隨時輕鬆取得是最棒的一點。

用水管製作吊衣架

數年前在服飾店發現後，
覺得「充滿工業產品般的感覺好酷！」，便馬上試做的衣架。
製作方法相當簡單，只要三個步驟就可完成，
巧妙裝上懸掛衣架的橫管則必須用點小技巧。

TOOLS

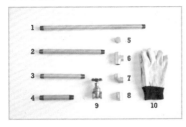

1 長度50cm的水管…2根
2 長度30cm的水管…6根
3 長度20cm的水管…2根
4 長度15cm的水管…4根
5 管接頭蓋（CA½）…4個
6 T形接頭（T½）…4個
7 肘管（L½）…2個
8 套管…3個
9 閘閥125型（FH-½）…1個
10 手套

HOW TO MAKE

1... 首先，參考照片，將配件連接成縱向。手會沾染到鐵的臭味，所以建議穿戴手套。同時也可具有止滑的作用。

2... 左右兩邊都連接成縱向之後的情況。要注意T型接頭、肘管的接頭及閘閥的方向是否有左右對稱。

3... 在2處進行橫向連接。首先，從下方開始，把橫向的水管鎖入步驟2所製作的單邊水管，要持續旋轉直到無法旋轉為止。另一邊的接頭只要一邊放鬆最初鎖入的水管，一邊鎖入就能順利連接。上方的橫向水管也要一邊進行相同的調整，一邊進行連結，就可完成。

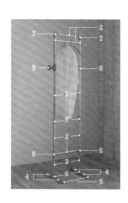

放上踏板木材後，也可以變成長凳。我個人把它利用於廚房水槽下方的收納。

COLUMN

推行工作坊

我在個人管理的網站「Love customizer」中，會不定期地舉辦工作坊。為了讓更多人了解DIY的樂趣，工作坊所製作的東西都是以砧板或鏡子等「可使用的物品」為提案。因為如果生活中實際可應用的物品，可以兼具時尚，就可以讓人們了解DIY的價值。另外，工作坊的另一個目的是電動工具的體驗。覺得使用電動工具有點誇張，而不太願意碰電動工具的人似乎很多，但是，不吃就不知道好不好吃、不使用就先排斥，豈不是太可惜了。只要試著使用過一次，就會發現這些工具簡單易用的程度出乎意料，而且還可以讓作業更加輕鬆。只要學會使用這些電動工具，可製作的東西就會變得更多，而且也可以擴大居家裝飾的可能性。讓居家生活變得更舒適。從初次開始便一直很受歡迎的項目是，使用舊木材製作砧板。不論舉辦了多少場，每次總能做出許多充滿個性的砧板。今後我還會不定期地舉辦工作坊，還請大家持續關注「Love customizer」網站，同時也請務必前來參加工作坊。

CHAPTER 4

DIY基本作業和工具的使用方法

此單元將針對裁切、鑽孔、鎖螺絲、
粉刷…這些基本的作業，
以及工具的使用方法、作業技巧
做出簡單明瞭的詳細解說。
碰到困難時，就先看看這裡吧！

D.I.Y BASIC 裁切

委託大賣場幫忙裁切木材會比較輕鬆。
可是，如果自己會裁切，DIY的範圍就會更加擴大。
我所使用的是電鋸、手鋸、裁切式手鋸3種工具。

A 固定夾

裁切木材或鑽孔時，把材料固定於作
業台用的工具。依使用方法而有各
種不同的種類，而我使用的則是C型
夾。這是被稱為「第3隻手」，在確
實固定材料時相當便利的工具。百圓
商店也可買到。

把材料放在桌子等作業台上，
以C型夾加以固定。

B 裁切式手鋸

又稱為「H型手鋸」。照片是「OLFA」
鋸刀。裁切較薄木材或木框等時候，
相當便利。刀片有小～特大，可以配
合使用目的更換。與美工刀相同，刀
尖磨損的時候，只要將磨損的刀尖折
斷，就可繼續使用。

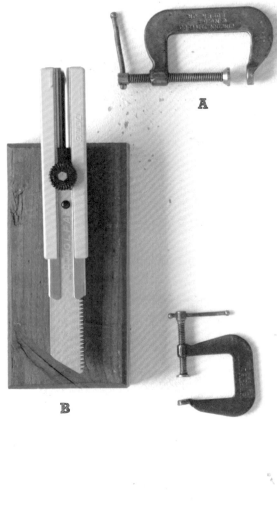

C 手鋸

通稱為「手鋸」。摺疊式手鋸從握把
到鋸片之間呈現微妙的弧度，所以對
初學者來說，作業起來比較簡單。容
易收納也是優點之一。日本製的鋸子
要在拉的時候施力，推的時候放鬆，
只要有節奏性地作業，就可以讓作業
更加順利。

剛開始先小幅度地讓鋸子在前後移動，先讓鋸子切入材料後，就
會自然形成裁切線，便比較容易筆直裁切。

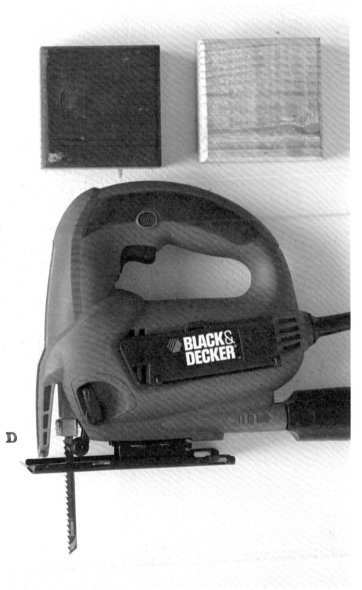

D

Ｄ 電鋸

裁切曲線時相當方便。作業時要避免底板（黑色部分）的平坦面浮起，與材料緊密平貼。希望裁切直線時，只要把廢木材當成導板，就能減少失敗的情況。

我個人最喜歡使用的是，可4階段調整裁切寬度的「BLACK&DECKER」的電鋸。約6980日圓。

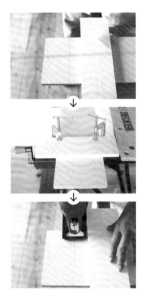

為了做到直線裁切，而在底板旁邊平貼一塊平行的壓條。壓條要放在與電鋸底板寬度平貼的位置，再利用固定夾和材料一起固定在作業台。

把電鋸的底板前方平貼在木板上，一邊避免後方浮起，一邊施加力道，就可以做出完美裁切。

D.I.Y BASIC 鑽孔

鎖螺絲的作業看起來好像很簡單，但偏移或彎曲之類的失敗案例其實也不少。

只要預先鑽出比螺絲更細小的預備孔，就可以筆直地鎖入螺絲。作業的時候，務必在材料的下方墊上壓條。

如果沒有墊上壓條，不是會鑽出多餘的孔，就是會出現毛邊（加工面的突起），而導致成品不夠完美。

另外，只要利用固定夾加以固定，作業就會更加容易。

螺絲較短或作業不多的時候，電鑽起子機會比衝擊起子機更容易使用。

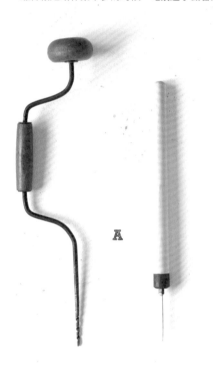

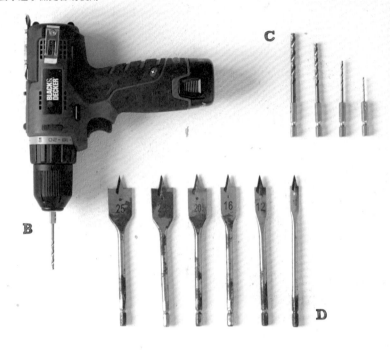

A 螺絲錐

使用於作業較少的時候，以及用手動進行鑽孔的時候。

B 電動起子機

因為僅有旋轉功能，所以大部分都相當平價，只要有這一個工具，就能讓作業更加快速，建議採購。如果是鎖螺絲、拆螺絲、鑽預備孔的話，只要有這一台就可搞定。鑽孔的時候，要記得把模式切換到鑽孔標誌。

只要利用切換開關，把旋轉模式切換成逆轉，就可以瞬間拆除螺絲。約1萬日圓左右就可購得。要買電動工具的話，最首要的就是這一項。

鑽預備孔（不貫穿，在中途就停止鑽孔）的時候，只要預先把紙膠帶纏在鑽頭上約螺絲一半長度的地方，就能夠以其作為預備孔的深度標準。

C 鑽頭

希望配合螺絲直徑調整預備孔大小時，電鑽起子機就可以調整鑽頭的大小，相當方便。

D 木工鑽頭

希望在木料上鑽孔時使用。

把木料放在桌子等作業台上，以固定夾加以固定。

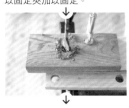

在木料的下方墊上壓條，把左手放在起子機上方，宛如從正上方按壓般進行鑽孔。如果使用與木料不同色彩或種類的壓條，當木屑顏色改變時，就代表已經鑽到壓條，等於已經貫穿木料，以此作為標準即可。

D.I.Y BASIC 鎖螺絲、釘鐵釘

鎖螺絲最重要的事情就是螺絲孔的大小和起子頭的大小要相符合。
使用前務必對照螺絲頭和起子頭，如果沒有先確認是否相吻合，
有時會造成螺絲空轉，造成螺絲孔磨損。
和電鑽起子機相比，衝擊起子機多半使用於鎖較長或較粗螺絲，以及作業較繁雜的時候。

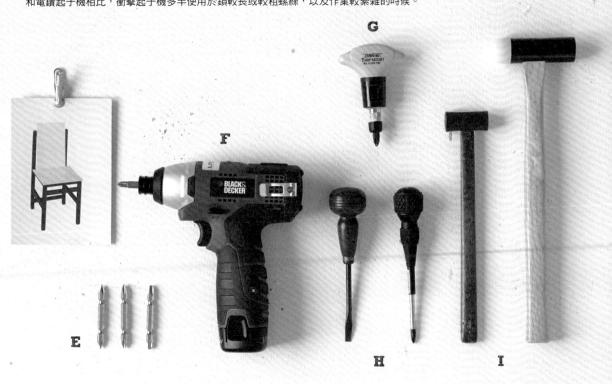

E 十字起子頭、一字起子頭

安裝在電鑽起子機或衝擊起子機上使用。在家庭中進行簡單DIY時，幾乎都是使用1號或2號的鑽頭。

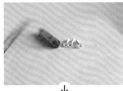

↓

螺絲和起子頭的大小若沒有相符合，會造成空轉，使螺絲頭崩牙，導致螺絲無法使用。螺絲的包裝上都會註明適合的起子頭編號，作業前請務必確認尺寸。

F 衝擊起子機

威力比電鑽起子機強大，利用朝旋轉方向撞擊的方式進行鑽孔，或是旋入螺絲的電動工具。只要更換前端的鑽頭，就可以使用於各種不同的用途。若是簡單的DIY，只要使用電鑽起子機就可以了。照片中的是「BLACK&DECKER」充電式衝擊起子機，約14000日圓左右。

G 棘輪起子

旋轉方向受限於同一方向，如果逆轉的話，就會呈現空轉，所以只要憑著手腕的反覆動作，就可以輕鬆拆除螺絲。因為不需要固定夾，所以在狹窄場所進行作業時相當方便。照片中的是「SUNFLAG」的產品，1260日圓左右。

H 螺絲起子

照片右邊是十字螺絲起子。左邊則是一字螺絲起子。依螺絲頭的形狀分別使用。本書中使用電鑽起子機的部分，都可以用這些螺絲起子來取代，但作業場所較多的時候就會有些費力。如果螺絲只有1、2根的話，直接用這些就十分足夠了。

施力時只要與木板呈垂直，就可以順利轉動螺絲。

I 鐵鎚

搥打鐵釘的頭，藉此施力的工具。用鐵釘代替掛勾時，或是用肘釘固定電線等的時候，很多地方都會使用到這項工具。前端為塑膠的鐵鎚，撞擊力道比金屬鐵鎚差，怕素材受損的時候，建議使用這一種。

D.I.Y BASIC 拋光

在剝除家具塗漆，重新進行粉刷的時候，
以及去除木材裁切後所留下的毛邊，使表面變得平滑時，拋光是不可欠缺的作業。
即便是全新的木材，仍要在粉刷之前進行拋光，如此便能更容易上漆。
拋光之後，務必用擰乾的濕抹布去除拋光時所殘留下來的木屑。

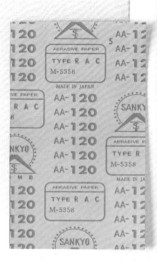

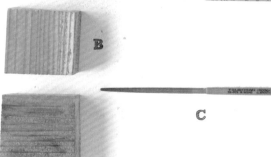

A

B

C

D

A 砂紙

砂紙的研磨顆粒依編號分成中細、細、極細等各種不同的大小，數字越大就代表研磨顆粒越細。DIY 的時候，最常使用的是 180 號至 400 號（尤其是 240 號和 400 號）之間的砂紙。
通常都是由大至小，最後利用 400 號使表面變得平滑。除了一般的砂紙外，市面上還有鋼砂布及水研磨用的防水砂紙等，分別應用於不同的目的。

B 木片

砂紙或稍微強韌的鋼砂布若包著廢材等使用，就會變得較容易施力，使作業更加輕鬆。

C 研磨棒

有「扁平」、「圓」、「橢圓」、「四角」、「三角」等多種形狀，不光是木材，就連不鏽鋼或鋁都可以使用。使用於較細部分或孔周圍等去毛邊的時候。研磨效果變差時，只要利用牙刷或小刀把研磨棒上的木屑去除即可。

D 砂磨機

桌面等面積較大的地方，或希望去除邊角，使邊緣變得光滑時，採用電動工具會比較方便。不需要花費太多力氣，就可以快速完成拋光。照片是「BLACK&DECKER」的產品，熨斗造型讓使用更加容易，約5950 日圓左右。這是繼電鑽起子機後，建議購入的下一部電動工具。

市面上有販售專用的砂紙，裝上就可使用。

去除孔周圍的毛邊時，就用前端即可。

希望不粉刷，直接展現木頭質感時，

可以利用油或蠟、油性著色劑做最後加工。

呈現出更好的光澤後，材料的質感就會更棒，同時還能增加防水、防塵的效果。

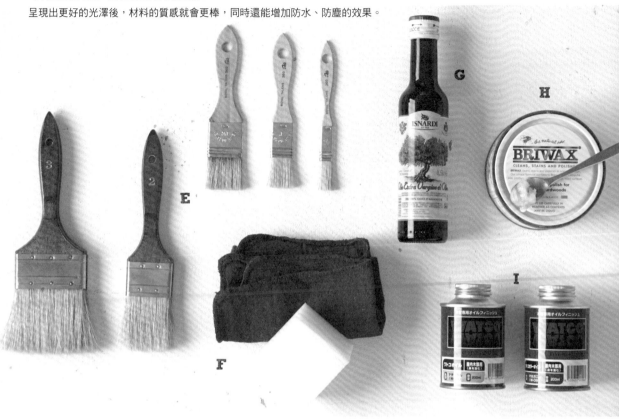

E 毛刷

塗抹油性著色劑時，要使用油性的毛刷。因為會沾上油分，所以要與水性塗料用的毛刷分開使用。

F 抹布、海綿

塗蠟或是擦油的時候需要使用抹布，也可以拿淘汰的舊毛巾或T恤等來使用，另外，大賣場也有大包裝的抹布販售，價格相當低廉。照片中的紅布是在汽車用品店發現的，因為顏色很漂亮而買了下來。抹油的話，使用海綿會比較方便。

G 橄欖油

希望保留木頭的自然質感時，或是製作砧板及托盤等餐飲用物品時，只要塗上家裡的食用橄欖油就可以了。不僅比油性著色劑更能展現質感，同時還能預防乾燥及水、髒污。只要偶爾重新塗抹即可。

畢竟是一般的油，所以多少都會有些油膩感，不過，只要讓油滲入木頭，再用抹布確實擦掉多餘的油就行了。如果加以磨擦，還能夠呈現出光澤。

H 蠟

蠟建議盡量使用天然的蠟。這款「BRIWAX」是以蜂蠟作為主要原料，相當適合用於木製品的加工及保養。和舊木材之間的融合性相當好。2500日圓左右。只要使用專用的底料，就能呈現出更具質感的效果。

I 油性著色劑

油性著色劑與塗料不同，不是形成塗色膜，而是以滲入木材的方式進行著色。有「復古風格」、「胡桃木風格」等種類，使用於想讓木紋更加鮮明，展現出木材原本風貌的時候。只要在開始使用時先塗上薄薄的一層，然後再重複塗上第2次、第3次，使色彩逐漸加深，就能減少失敗的情況。最後，要用抹布把多餘的油擦掉。

D.I.Y BASIC 粉刷

可以採用雙色（請參考p46）、改變形象（請參考p74），
或是把家具或門、牆壁等改變成自己所喜歡的顏色，正是DIY的優點。
詳細的粉刷方法請一併參考p62。

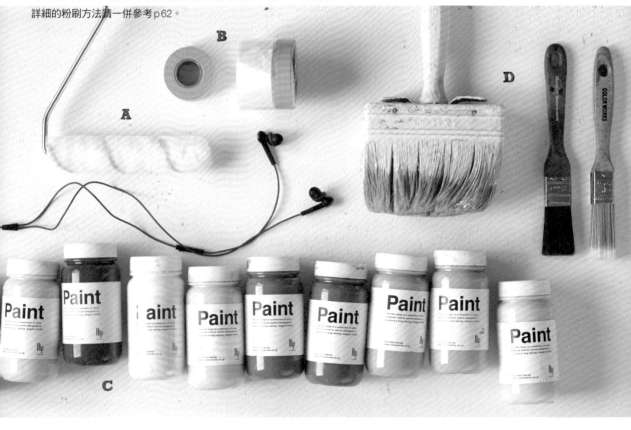

A 滾輪

一般來說，粉刷牆壁等較大面積時，使用滾輪是最方便的方式。滾筒套的使用號碼可依粉刷地點而改變，但粉刷平坦部分時，要使用短毛，粉刷部分有凹凸面的時候，要使用中毛，凹凸面較大的時候，則要使用長毛。

塗料有時會從滾筒兩端流下，所以要先利用油漆桶邊緣把多餘的塗料擠壓掉，再開始粉刷。

B 紙膠帶和
遮蔽膠帶

遮蔽膠帶是在膠帶上還附有塑膠膜的一種膠帶。為避免粉刷以外的部分沾染到塗料，而需要遮蓋大範圍的時候使用。如果和紙膠帶搭配使用，就可以連細微部分都做到保護，便可安心粉刷。粉刷後，要趁塗料完全乾掉之前，把膠帶撕掉。如果塗料乾掉後才撕膠帶，沾在膠帶上的塗料會剝離，所以要多加注意。

C 塗料

室內使用的塗料，通常都是使用水性塗料。雖然耐水性比油性塗料差，但因為沒有使用溶劑，所以會比較環保。200㎖大約可粉刷椅子的1隻腳。

放在容器內的塗料會呈現分離狀態，所以要先用棒子充分攪拌，再倒入油漆桶內使用。水性塗料因長期保存而導致濃度太濃的時候，要先用水稀釋後再使用。

D 毛刷

粉刷大範圍用的毛刷要使用具有厚度的毛刷，會比較容易粉刷。毛刷可以使用較便宜的種類，但建議挑選刷毛有光澤、觸感較佳、沒有斷毛、不會掉毛的種類。照片中的大毛刷是「PORTER'S PAINT」（請參考p120）的產品，是我最喜歡的毛刷。使用後要浸泡在水裡，待水性塗料徹底溶解後，再於風乾後保存。

E 角尺（直角尺）

又稱為「曲尺」。兩邊都有刻度，使用於測量木材長度的時候。角使用於測量直角的時候。

F 鉛筆

做記號的時候，以鉛筆尤佳。因為就算標錯，還可以用橡皮擦擦掉。

G 水平儀

又稱為水準儀、水準器。確認物品相對於地面的角度及水平、垂直時使用。例如，將棚架安裝於牆面時，先安裝單邊後，再放上水平儀測量，進行另一邊的安裝，就可以讓棚架與地板呈現平行。智慧型手機的APP應用程式也有這種功能，一定要使用！

H 木膠

黏合木頭、紙、布，或暫時固定時使用。因為隔一段時間才能完全固定，所以要確實按壓黏接部。雖然具有黏著強度，但很怕水，所以要避免在濕度較高的地方使用。

I 捲尺

DIY必須使用堅固且具直立性的鋼捲尺類型。3m長的類型比較容易使用。

J 鉗子

切斷、彎曲、夾、拉、扭轉銅線或鐵絲的時候，或者是拔出崩牙的螺絲或彎折的鐵釘等時候所使用的工具。橘色把手的鉗子是尖嘴鉗。尖嘴鉗的前端比較細，比鉗子更細小部位的小手工或剪鐵絲的時候，特別好用。

K 圍裙、手套

初學者尤其需要，使用於避免衣服或手弄髒的時候。

L 雙面膠

暫時固定木板，或進行如p31般的工作時使用。如果是「超黏性類型」，還可以將較輕的箱子或框架直接貼在牆上。

M 釘槍

猶如放大版的釘書機。把布或鐵網等無法使用螺絲固定的物品，固定於木頭上的時候使用。不需要的時候，可以用鉗子拆除。

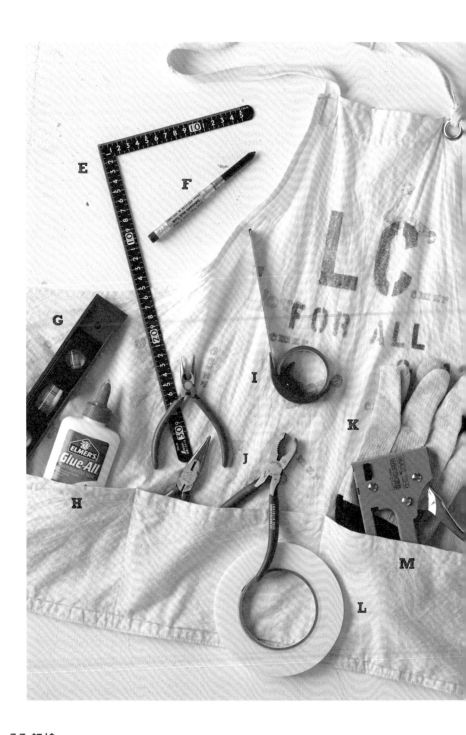

◎ 修補牆壁的孔

1... 牆上留下的圖釘或鐵釘痕跡，可用補土填補。先用小型抹刀把補土塗在牆壁上。

2... 補土要填補至稍微突出於牆壁的程度。

3... 待補土完全乾掉後，用砂紙（400號）拋光，使牆壁變得光滑。

4... 牆壁為塗料或灰泥的時候，就塗上與牆壁相同色彩的塗料，再讓其自然風乾即可。

◎ 撕掉黏在牆壁上的雙面膠

1... 牆上的雙面膠若勉強撕下，有時牆壁上的塗料也會跟著一起剝離。首先，要先在黏著面滴上幾滴含有橙皮油的剝離劑，然後閒置一段時間。

2... 棚架或木板拆下後，牆壁上仍有膠帶殘留時，就再滴上幾滴剝離劑，等待一段時間後再仔細撕除。

◎ 保存塗料

使用之後的塗料只要確實蓋上蓋子就沒問題了。可是，用水稀釋後的塗料則無法保存。在粉刷作業中停下來休息的時候，只要在油漆桶外面纏上遮蔽膠帶，再把塑膠膜部分打結，就可以暫時保存塗料，使塗料不變乾。

◎ 遮蔽較大的面積

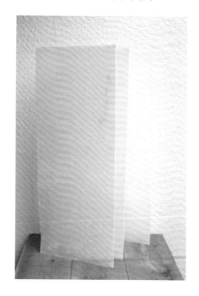

粉刷或噴漆、油性著色劑等無法直接在地板上進行的作業，只要預先利用塑膠紙板遮蔽，便能方便作業。塑膠紙板不僅輕巧、堅固，還可以摺疊收納，重複使用。

◎ 螺絲的挑選方法

螺絲的挑選方法基本上會依強度而改變，長度則要選擇長度為2～3倍板厚的螺絲。木螺絲的接合強度比鐵釘強，所以固定箱子的時候，建議使用木螺絲。再次介紹常用的5種螺絲。

圓頭木螺絲
木材用螺絲。螺紋部分約占全長的$\frac{2}{3}$左右。由於頭部端沒有螺紋，所以能緊密結合木板，進而增加鎖固力。頭部的形狀除了圓頭之外，還有盤頭和扁圓頭。

**木工螺絲
（防木頭破裂螺絲）**
在堅硬的木材或木板邊緣等鎖上螺絲後，有時會造成木頭破裂。木工螺絲的前端有著相當特殊的形狀，所以可以預防木頭發生破裂的情況。在木材DIY當中，大多都是使用這種螺絲。

平頭螺絲
頭部會埋入薄的木板中，所以螺絲就不會那麼醒目。主要用於裝飾用。

自攻螺絲
整隻螺絲都有螺紋，所以鎖螺絲的孔中就算沒有螺紋槽，仍舊可以鎖入螺絲。雖然螺絲不容易鬆脫，但拆卸較多的情況則不適合使用。除了木材以外，也會用來固定金屬。頭部除了盤頭之外，還有圓頭等類型。

石膏板用螺絲、錨栓
牆壁材質為石膏板時，由於石膏板比較脆弱，木螺絲比較容易鬆脫，所以要使用錨栓（照片下方）。首先，要把錨栓釘入牆壁，再把螺絲鎖進錨栓孔，這樣一來，錨栓的前端就會打開，緊抓住石膏板，達到確實固定的目的。

COLUMN

只要有可攜式打掃工具，
作業就可更順利

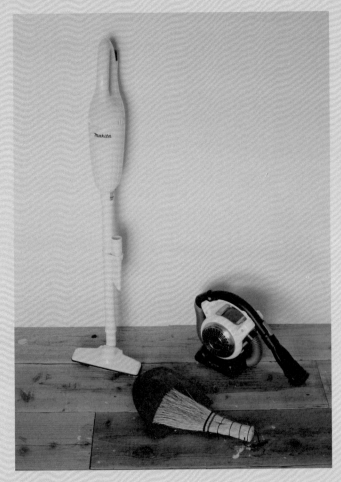

只要有可攜式打掃工具，就可以讓DIY作業更加順利。裁切木板、砂紙拋光等作業，容易造成灰塵或木屑飛散，只要在作業告一段落的時候加以清掃，就能更順利且舒適地進行下個作業。我最喜歡使用的是這3種打掃工具。細長的白色機器是營業用吸塵器的知名品牌「makita」。據說新幹線也是用這個來打掃車廂，無線且輕巧是它的最大特色。我也很喜歡機身的象牙色和設計。宛如小型蝸牛般的吸塵器是「BLACK&DECKER」的產品。毛刷吸嘴最適合用來清除地板溝槽或窗緣等狹小地方的木屑。充電器也相當迷你，不占空間是最令人欣喜的部分。小隻的掃帚是民俗藝品店等處經常可看到的東西。輕盈的紙製畚箕同樣也是日本的傳統製品，可以隨時隨地取用，是我相當珍惜的物品。還有，如果可以的話，為了避免刮傷地板，也可以在地板鋪上遮蔽膜（野餐餐巾也OK），這樣作業起來或許會更加安心。

CHAPTER 5

有用的商店清單
模板紙型

此單元列出了可以找到不錯的DIY材料或工具，
以及帶來靈感的推薦商店。
最後，還有可以放大、縮小影印後使用的
英文字型模板紙型，
請務必加以有效應用。

HOME'S橫須賀店

　說到DIY最強力的夥伴，那就是大賣場。工具或木板等材料自然不在話下，就連水管等與DIY相關的物品都可找到。可是，店家的規模如果太小，也會有工具等商品不夠齊全的情況。如果可以，請透過電話簿或網路，試著尋找住家附近的大型賣場。

　這家店雖然離我住的地方有點遠，卻是連裝潢業者也會經常前往選購的「SIMAHO」大型賣場。如果家裡沒有車，或許會比較不方便一點，但聽說有些店家會出借車輛幫忙載運，或是幫忙宅配。

1

2　　3　　4

1... 光是木板的種類就有這麼多。「我喜歡的是木紋和木節較少，表面平滑的椴木膠合板，以及『OSB』（定向刨花板）這樣的構造用木材。兩種木板都相當便宜，而且營業用般的感覺也讓我很喜歡。」賣場內有工作室，可委託現場人員幫忙裁切需要的尺寸。2... 把手或框邊護角也很多，總會有「看到後，感覺好像可以加以應用？」的感覺。大賣場中的商品多半都是以功能性為主。不會有多餘的設計，所以應用範圍相當廣。3... 石井小姐最喜歡的腳輪。「只要裝在家裡的箱子或木板等，就可以變成可動式家具，相當方便。大尺寸腳輪感覺也挺酷的，我現在正在思考可以利用在哪些地方」。4... 水管的單純表情，似乎總能引誘出創作意欲。「把東西應用在其他用途，也是DIY的樂趣之一」。

HOME'S橫須賀店　神奈川縣橫須賀市平成町2-14-5／營：9:00～20:00　無休／TEL：046-822-0200　http://www.shimachu.co.jp/

WOODPRO Shop&Cafe

以前，搬到租借的獨棟住宅時，「仿造地板木材」的塑膠地板讓我很反感，所以便想「有沒有可以改變這種感覺的好的二手木材呢？」，這時聯想到的就是在工程現場等處發現的踏板。當時我還沒有那麼專業，結果向「WOODPRO 杉木踏板專賣店」洽詢後，沒想到自己和中本社長挺意氣相投的！ 於是我們便共同開發出把踏板表面裁切成5mm厚，可做為地板木

材使用的「T5」系列。

主要的銷售方式是網路販售，據說現在通路已經遍及全國了，去年更開設了直接展示舊木材質感的「WOODPRO Shop&Cafe」。這裡可以買到網路上不容易銷售，粗略加上塗料般別具風味的踏板。這裡也有很多可以使用於DIY的雜貨，光是看到這些就會讓人興奮莫名，想要多待久一些喔！

1... 踏板堆積如山的場景。位於總公司所在的廣島市郊外。2... 日本也可使用的美國插座及開關種類也相當豐富。3... 2樓是踏板等的DIY專區。1樓則專售雜貨。累的時候，可以在附設的咖啡廳小憩一下。4... 共同開發的5mm厚踏板。這是可以先在原有地板上鋪上膠合板，然後再利用雙面膠進行黏貼的便利商品。因為搬家後可以馬上恢復原狀，所以就算是租屋也可以安心使用，作業也相當簡單，外觀宛如舊木材的劃時代地板木材。因為很薄，所以不光是地板，就連牆壁、家具也都可以黏貼。5... 2樓踏板賣場的一角。石井小姐的家裡到處都有具厚度的踏板。6... 各種推薦塗料也一應俱全！也可以試塗。7... 也有很多把手或掛勾、照明等珍貴的配件。

WOODPRO Shop&Café 廣島縣廣島市西區商工中心2-7-21／營：11:00～19:00　無休　※咖啡廳除外／TEL：082-961-3451
http://woodpro-shop.com/

LESS

買下現在的房子，計畫翻修的時候，因為想要不鏽鋼的簡易廚房，而在網路上搜尋到的廠商就是「LESS」。當初，一直認為全不鏽鋼的流理台有著營業用的單純外觀，對一般住宅來說似乎有著沉重的印象，而且女性似乎也很少使用……。LESS的老闆北野先生陪著我一起消除了那樣的疑慮，最後完成了我家裡的廚房（請參考p72、73）。這是我連小細節都不放過的自信作。

總之，這個流理台得到了不錯的評價，因為有很多人詢問『這是在那裡買的？』，所以現在已經採取合作開發形式對外發售了。因為屬於訂購製造，所以廠商可依照所要求的尺寸及瓦斯爐的類型進行製作。這種流理台不僅容易使用，也很容易進行居家裝飾的變化，相當值得推薦喔！價格會依尺寸大小而變動，大約是25萬日圓起（不含瓦斯爐、水龍頭）。

2

3

1

4

5

1... 這是石井小姐和LESS合作開發的流理台。不鏽鋼製，一絲不苟的簡單纖細設計極具魅力。現在的版本已經更加升級。不鏽鋼的素材不僅加工得更美，耐久性也提高了許多，保養起來也變得更加容易。2... 為呼應「想掛毛巾，可是不希望太過醒目」的訴求而製作的毛巾架。3... 抽油煙機也可以訂製鍍錫鐵皮。4... 老闆北野先生的會客室內部，有著極佳的品味。5... 就算是遠在外地，只要一通電話或一張傳真，都能夠一一親切應對。稍微任性的溝通協商或許也沒問題喔!? 除了不鏽鋼流理台的製作外，還可承接廚房的翻修、家具的製造業務。

LESS Kitchen 愛媛縣新居濱市庄內町4-6-68／營：10:30～17:30　星期日、假日休／TEL：0897-33-4306　http://less.co.jp/

個性派水管專賣店★PAPASALADA☆

販售國內外設計感極佳的水龍頭及洗臉槽、水槽龍頭或面盆龍頭等水管商品的網路商店。因為總公司是處理供排水設備的專門公司，所以有很多水管管路的知識及創意、實績。園藝及戶外用的商品也一應俱全。

http://papasalada.net/

WALPA STORE TOKYO

這裡的壁紙種類約多達8000種，從日本首次進口的最先進設計到有著復古圖樣的懷舊商品都有。不光是色彩和圖樣，就連質感也有各式各樣。也有很多女性可獨立替換的壁紙。也有舉辦令DIY初學者欣喜的「壁紙黏貼教室」。

東京都澀谷區櫻丘町9-17-207（TOC第3大廈2F）／營：10:30～19:00（平日、星期六）　10:30～18:00（星期日、假日）　無休／TEL：03-6416-3410／　http://walpa.jp/／總店位於大阪。名古屋也有分店。

COLOR WORKS

以「用COLOR豐富生活」為概念。除了英國最高級的品牌「FARROW&BALL」或創意塗料「Hip」之外，還有灰泥和底料等對人類和環境無害的水性塗料及壁紙。據說也可出借色票。店內存放的「Hip mini（200ml）」的色彩很多，相當方便。

東京都千代田區東神田1-14-2 Pallet大廈／營：10:00～18:00　星期日、假日休／TEL：03-3864-0820／http://www.colorworks.co.jp/／神奈川縣、月見野也有展示中心。

東急HANDS 新宿店

以「靈感市場」為關鍵字，販售的商品種類有DIY工具、素材、工作套件、廚房用品、居家飾品、文具、化妝品等，內容相當多元。這裡的商品構成總是能挑起人們動手做的欲望，也是其最大的魅力所在。

東京都澀谷區千駄谷5-24-2／營：10:00～20:30　不定期休／TEL：03-5361-3111／http://www.tokyu-hands.co.jp/／除了全國都有分店外，也有網路商城。

WHITE CUBE

販售英國及日本中古家具的中古商店。石井小姐家裡的銅和陶器的插座，以及搭配螺旋電線的照明（請參考p92）就是在這裡買的。店家也可幫忙製作電線的色彩及長度。舊照明電線的替換及長度的變更也可和店家商談。

東京都目黑區鷹番2-18-3天空大廈B1F／營：12:00～19:00　星期三休／TEL：03-5725-3831／http://whitecube-interior.com/

D.I.Y SHOP
PORTER'S PAINTS

原產於澳洲的高級塗料專賣店。利用來自世界各地的嚴選素材，以手工方式仔細調製而成的塗料，有著從豐富顏料所誕生的絕妙色彩。也可以從展現出陰影或表情的塗料中挑選質感。也有定期舉辦工作坊。從色彩的挑選到粉刷方式都可提供諮詢。石井小姐家裡的牆壁全都是使用這裡的塗料。

神奈川川崎市高津區下作延7-1-3／營：10:00～17:00（12:00～13:00午休）　星期三、日、假日休／TEL：044-379-3736／http://www.porters-paints.com//全國都有代理店。

D.I.Y SHOP
non sense

不拘泥於國家或時代等，從家具到小物品、木工製品或配件等復古商品都有著獨特的性感。就連重新翻修的家具也有許多日本住宅中常見的小型尺寸。商品的流通率很快，只要勤

勞造訪，肯定能發掘到喜歡的東西。聽說石井小姐每次去總是會買些什麼回家。

東京都目黑區中央町1-17-9／營：12:00～20:00　15:00～20:00（僅星期二）　星期三休／TEL：03-3794-0469／www.non-sense.jp/下北澤有分店。

D.I.Y SHOP
Interior Subtonez

嚴選來自國內外的中古家具和雜貨的商店。聽說簡單且潔淨的形式等略帶中性風格的部分是石井小姐的最愛。可以找到舊箱子或

配件等傳統的木匠家具。原創的翻新家具及照明也值得一看。

東京都目黑區目黑本町4-1-1 PR大廈C／營：15:00～21:00（平日）13:00～21:00（星期六、日、假日）　星期二、三休／TEL：03-5722-6899／http://subtonez.com/

D.I.Y SHOP
bouton&PINCEAU

實現法國生活型態的居家裝飾店「Orne de Feuilles」的地下室。除了國外的壁紙及塗料等DIY工具外，還有照明、開關及門把等配件類、布或緞帶之類的法國風味手工製素材。

東京都澀谷區澀谷2-3-3 青山0大廈1F B1F／營：11:00～19:30（平日、星期六）　11:00～19:00（星期日、假日）　星期一休（遇假日時營業）／TEL：03-3499-0140／http://www.ornedefeuilles/shop/bp.html

D.I.Y SHOP
GALLUP

從舊木材到鐵製或銅製的掛鉤或門把、舊門窗之類的
建材、懷舊圖樣設計的布等充滿美國風味的商品一應
俱全。和知識豐富的工作人員聊天也是樂趣之一。有
時石井小姐也會請對方協助工作坊的工作，或是請對
方提供一些意見。

東京都江東區富岡2-4-4 1F／營：10:00～19:00　無休（年
底年初除外）／TEL：03-5639-9633／http://www.thegallup.
com／中目黑及厚木也有展示中心

D.I.Y SHOP
TILE LIFE

產品種類達8000種以上，
日本規模最大的磁磚銷售網
站。石井小姐家裡的磁磚全
都是在這裡選購的。磁磚的
價位通常都很高，但這裡還
有許多500日圓的超便宜插
座等便宜貨。特別推薦運用
懷舊色彩的昭和庫存磁磚和
馬賽克磁磚等商品。

http://www.tilelife.co.jp/／
六、日、假日休

D.I.Y SHOP
IKEA 船橋

北歐家飾商品一應俱全的IKEA，石井小姐說，「這裡也有許
多層板或托架等DIY的配件。只要在便宜且時尚的家具上稍

微加工，就可以作
出獨創的家具」。
P46、47進行雙色
粉刷的黑紅椅子也
是在這裡買的。

千葉縣船橋市濱町2-3-30／營：10:00～21:00（平日）、9:00～
21:00（星期六、日、假日）　無休（1月1日除外）／TEL：050-5833-
9000（代表號）／http://www.IKEA.jp／仙台（迷你商店）、埼玉、橫
濱、神戶、大阪、福岡也有分店。

D.I.Y SHOP
The Tastemakers & Co.

從世界各地嚴選能夠刺激心靈感「taste」的商品。除了洋裝
及家具外，也有鐵釘或托架等可使用於DIY的配件。蛋糕模
型或瓶子等各式各樣
的再利用家飾商品也
絕對不容錯過。P41
的蔬果籃就是在這裡
找到的。

東京都港區南青山7-9-1／營：11:00～19:00　不定期休假／TEL：
03-5466-6656／http://thetastemakersandco.com

D.I.Y SHOP
P.F.S PARTS CENTER

這裡有許多摩登且懷舊的
配件。也有很多工具和
工具箱、腳輪和桌腳等軍
用或營業用的居家裝飾工
具，樣式簡單且功能性很
多，可以找到很多大賣場

買不到的時尚物品。喜歡中性風格的人應該很難不淪陷。

東京都澀谷區惠比壽南1-17-5／營：11:00～20:00　星期三休／
TEL：03-3719-8935／關於家具的販售及設計委託，請洽惠比壽的
「PACIFIC FURNITURE SERVICE」。

A B C

D E F

G H I

J K L

M N

O P Q

RST
UV *
WX

YZ!?
&(){}
[]/%

0123
456
789

$ £ ¥

_ ~ » ×

" "

. . , ,

PROFILE

石井佳苗（Ishii Kanae）

東京都人。取得室內設計師的資格後，進入意大利家具製造商CASSINA IXC任職。現以室內及居家設計師從事各項設計活動，同時，活躍於櫥窗展示及促銷、商品開發、講師等廣泛領域。部落格「Love customizer」的站長。

http://lovecustomizer.com/

TITLE

簡單！創意！居家輕改造

STAFF

出版	瑞昇文化事業股份有限公司
作者	石井佳苗
譯者	羅淑慧
監譯	大放譯彩翻譯社
總編輯	郭湘齡
責任編輯	林修敏
文字編輯	王瓊苹　黃雅琳
美術編輯	謝彥如
排版	執筆者設計工作室
製版	大亞彩色印刷製版股份有限公司
印刷	桂林彩色印刷股份有限公司
法律顧問	經兆國際法律事務所　黃沛聲律師
戶名	瑞昇文化事業股份有限公司
劃撥帳號	19598343
地址	新北市中和區景平路464巷2弄1-4號
電話	(02)2945-3191
傳真	(02)2945-3190
網址	www.rising-books.com.tw
Mail	resing@ms34.hinet.net
初版日期	2014年4月
定價	320元

國家圖書館出版品預行編目資料

簡單!創意!居家輕改造 / 石井佳苗著；羅淑慧
譯. -- 初版. -- 新北市：瑞昇文化, 2014.04
128面; 18.2x25.7公分

ISBN 978-986-5749-40-8(平裝)

1.家庭佈置 2.室內設計 3.空間設計

422.5　　　　　　　　　　103005590